油田企业模块化、实战型技能培训系列教材

——天然气处理厂普光项目部

硫黄储运及辅助操作岗位

技能操作标准化培训教程

丛书编委会　组织编写

吕红波　郭庆省　主编

中国石化出版社

图书在版编目(CIP)数据

硫黄储运及辅助操作岗位技能操作标准化培训教程 / 吕红波，郭庆省主编. —北京：中国石化出版社，2016.11
油田企业模块化、实战型技能培训系列教材
ISBN 978-7-5114-4227-7

Ⅰ.①硫… Ⅱ.①吕… ②郭… Ⅲ.①油田-硫磺-贮运-技术培训-教材 Ⅳ.①TE644

中国版本图书馆 CIP 数据核字(2016)第 269406 号

中国石化出版社出版发行
地址:北京市朝阳区吉市口路 9 号
邮编:100020 电话:(010)59964500
发行部电话:(010)59964526
http://www.sinopec-press.com
E-mail:press@sinopec.com
北京艾普海德印刷有限公司印刷
全国各地新华书店经销
*
787×1092 毫米 16 开本 11.75 印张 286 千字
2017 年 5 月第 1 版 2017 年 5 月第 1 次印刷
定价:42.00 元

油田企业模块化、实战型技能培训系列教材
丛书编委会

《硫黄储运及辅助操作岗位技能操作标准化培训教程》

编委会

序

本系列培训教材命名为“油田企业模块化、实战型技能培训系列教材”，是在相关岗位员工学习地图[1]指导下，立足岗位胜任能力模型开发的实战型培训教材。通过这套教材，使每项学习与具体工作业务结合起来，真正能做到学习与工作相融合，让学员在岗位上学得会、用得好。该教材着眼于培养生产现场实用型人才，从岗位实际操作角度出发，建立起针对完成岗位工作任务、履职尽责的胜任能力结构与知识模块体系。

参与教材编写的所有编写人员均为基层单位技能操作专家与技术骨干，体现出“写我所干，干我所写”的工作理念，使该教材具有鲜明的实战特点。一是所有内容都围绕生产实际操作项目设置。每个内容模块单元的培训目标都是“教会他”，既能成为提升实际工作能力的培训教材，也可以当做指导岗位操作的工具书。二是教材内容相对于岗位能力要求来说，具有自己的系统性。教材内容涉及本岗位技能操作的方方面面，既包括了施工前准备、执行操作流程、操作要点与质量标准，也包括了安全注意事项及事故应急处理等内容，这是任何一门学科式培训教材所包含不了的，也是本教材的创新亮点。三是教材突出“以操作技能为核心”的特色。每个学习内容模块均以完成具体工作任务为核心，理论处于次要辅助、加深理解、促进掌握的地位，是为更快更好掌握技能服务的。四是教材内容结合学习地图开发，每本教材后都附有本岗位的员工学习地图，使本岗位每个职位层级的员工都能找到自己的努力方向和学习内容，为广大员工开展个性化岗位学习、提高学习效率点亮一盏指路明灯。

同时，本教材也向广大读者传达一种“学、做翻转”的人才培训思

---

[1]学习地图是指以员工能力发展路径和职位层级为主轴而设计的一系列学习内容、方法的安排。

路：即打破参加培训就是到课堂学习知识的传统思维方式，把“学习知识、了解流程、掌握标准”的活动放在工作岗位，通过对教材内容的学与练，提升职业技能素养；当遇到岗位学习或工作中难以解决的问题时，才考虑参加集中培训，有效利用全班学员的团队智力资源解决个人工作中的难题，达到“三个臭皮匠，抵一个诸葛亮”的效果。通过参与问题解决过程的学习、体验与感悟，提升学习者解决实际问题的能力。

当然，本教材的编写也是实战型培训教材开发的初步实践，尽管本书编者尽己所能投入编写，也难免有不妥之处。期望广大读者、培训教师、技术专家及培训工作者多提宝贵意见，以促进教材质量的不断提高。

编委会主任：

前　言

元坝净化厂于2014年12月建成投产，是中国石化继普光净化厂后第二大高含硫气体处理厂。教材的编制结合现场的实际情况，覆盖元坝净化厂硫黄车间全部操作岗位。教材立足生产现场，突出实际操作，打破理论学科局限，开发了以现场工作流程或业务模块为核心、知识围绕技能提供服务的培训教材。教材章节模块化，适用于结合现场生产流程开展业务培训及现场指导。按照“干什么、学什么”的原则，把现场生产真正需要的实训内容编入教材，减少过于深奥和空泛的理论性内容，帮助现场员工快速掌握和提升各自的岗位能力。本教材按照岗位生产工序或具体业务模块进行设置，次序合理、操作点包括全面，各模块的任务目标、工作流程、操作步骤、操作要领、安全要求等知识点完备，满足本岗位不同层次人员培训和学习的需要。从正常的现场操作步骤到操作技巧，从故障的判断到故障的解决和预防等进行系统阐述，培训教材的编制侧重员工的现场操作技能和故障处理能力。

结合前期生产准备过程中编制的各类操作规程和岗位操作法，针对投产试运行中所出现的各类问题，在实用教材中进行修改补充和完善。操作人员通过学习，能够大幅度地提高自身的操作能力和操作技巧，同时对于编者而言，此次培训教材的编制也是一次难得的学习机会。但编者能力有限，在编制过程中可能出现错误或不足，欢迎岗位人员进行指正。

目　录

第一单元　液硫罐区操作

本单元主要介绍整个液硫罐辖区内主要设备、工艺操作，该区域依据石油天然气行业标准“气田天然气净化厂设计规范”（SY/T0011—2007）的规定，结合元坝净化厂实际情况，全厂共设2台液硫储罐410-T-001/002，液硫罐区最大储存天数为10天，使用单罐公称容积3000m^3，设计温度138℃，操作温度135~141℃，全厂液硫总罐容60000m^3。凝结水系统包括1台凝结水冷却器、1台凝结水罐和2台凝结水输送泵（410-P-003A/B）。本单元分为七个模块，分别是：模块1：液硫罐的结构、检查及操作，模块2：减温减压器的检查及操作，模块3：液硫输送泵的检查及操作，模块4：图幅巡检作业，模块5：冷凝水输送泵的检查及操作，模块6：冷凝水罐、换热器的检查及操作，模块7：常用防护用品的检查及使用。

模块一　液硫罐的结构、检查及操作

说明：单个液硫储罐罐顶设置4个通气孔、6个消防蒸汽口、2个液位计（雷达液位计和差压式液位计）、1个量油孔、2个透光孔。液硫罐区共设置液硫送料泵3台，单台液硫送料泵额定流量15.2m^3/h。液硫罐设计为拱顶罐。液硫在储罐中工作温度为135~141℃。为防止液硫在储罐内凝固、硫蒸汽在储罐顶部固化形成固体颗粒，储罐罐壁和罐顶均设有加热盘管。罐底部分设蛇形蒸汽加热管12组，总加热面积为125m^2，加热管总长1171m；罐壁部分设环形蒸汽加热管20组，加热面积130m^2，加热管总长1220m；罐顶部分设外置螺旋形蒸汽加热盘管6组，加热面积为30m^2，管总长为380m。液硫管线采用蒸汽夹套伴热，液硫管线和储罐加热均使用0.4MPa的低压蒸汽。净化厂全厂热力管网提供1.2MPa的蒸汽在液硫罐区内通过减温减压器减为0.4MPa低压蒸汽供液硫罐区使用。

项目一　液硫罐的检查

1. 工作任务（目的）

检查液硫罐无跑冒滴漏现象，检查液硫罐附件（伴热）工作是否正常。

2. 常用工具

现场工作记录本、红外线温度检测仪、防爆F扳手、防爆对讲机、防烫手套若干、现场配备的清洁工具等。

3. 检查流程

检查前准备：

（1）穿戴劳保服装、防护用品，主要包括穿着防静电服、佩戴安全帽、脚穿劳保鞋、佩戴正压式空气呼吸器、佩戴硫化氢报警仪。

（2）检查前，从中控室DCS上记录两个储罐的液位以及各点的温度，为下一步现场检查做比对参考；从中控室的视频监控上观察现场总体状况以及罐顶四个排放口的状态。

(3)检查项目、方法、步骤及重点。

操作规范步骤：

(1)记录 DCS 上的储罐参数。

(2)穿戴劳保及防护用品检查液硫储罐。

(3)检查罐体无变形、裂纹、鼓包、锈蚀等情况，无跑、冒、滴、漏现象发生，罐体基础无下沉，裂纹。

(4)检查消防蒸汽切断阀，仪表风压力正常，开关正常，准确执行远程控制指令。

(5)检查温度仪表，无泄漏，指示准确。

(6)检查液位仪表，无泄漏，指示准确。

(7)检查扶梯、护栏，无严重裂纹变形，紧固，螺栓完好，无锈蚀。

(8)检查接地，接地螺栓齐全，连接无松动。

(9)检查伴热管网，无泄漏、堵塞，伴热温度正常，疏水阀工作正常。

4. 检查要点或质量标准(表 1-1)

表 1-1　液硫储罐检查详情

序号	检查部位	标准	主要危害及后果
1	罐体	无变形、裂纹、鼓包、锈蚀等情况，无跑、冒、滴、漏现象发生	发生液硫泄漏、着火等事故
2	消防蒸汽切断阀	仪表风压力正常，开关正常，准确执行远程控制指令	仪表风压力过低，切断阀损坏，不能立即打开，不能将消防蒸汽送入液硫罐内灭火，引起持续火灾，造成罐体变形损坏
3	温度计	选型正确，鉴定期内，精度、量程合适，指示正确	温度指示不准确，严重时造成超温，影响设备运行安全，造成设备损伤事故
4	温度变送器	无泄漏，指示准确	在产生偏差严重时，造成容器超过额定温度，损坏设备
5	液位变送器	适合容器内液体介质的液位，密封性好，可靠性高，使用安全	不能提供准确数据，导致介质抽空或冒罐
6	扶梯、护栏	牢固、基础完整、无严重裂纹变形，紧固，螺栓完好，无锈蚀	高空坠落
7	接地	接地连接无松动，接地电阻 <4Ω	接地不良或电阻超差，会发生人员触电事故，或者烧毁现场仪器仪表
8	伴热管网	无泄漏、堵塞，伴热温度正常，疏水阀排水正常	蒸汽管道发生泄漏、堵塞，疏水阀不能正常排水，引起伴热温度下降，造成液硫降温凝固，堵塞液硫管道
9	基础支承支座	牢固，齐全，基础完整，无严重裂纹，无不均匀下沉，紧固螺栓完好	严重时，造成设备倒塌，泄漏

续表

序号	检查部位	标准	主要危害及后果
10	操作液位	指示准确，液位控制在2~9m正常范围内	液位超高报警或超低报警，造成液硫泵联锁停机或冒罐
11	保温层	无开裂脱落	进入雨水，设备锈蚀减薄，坠落伤人

5. 安全注意事项

(1)进入涉硫区域巡检时，穿戴好防护用品。

(2)因罐区的管线沿地面敷设，进入罐区应注意脚下，防止滑倒跌伤。

(3)如遇恶劣天气，禁止登罐作业。

(4)检查伴热管线时，注意避免烫伤。

6. 应急事故预防与处置

冒罐事故处理如下所示。

(1)事故现象。

内操——储罐出现假液位。

外操——液硫自储罐顶部冒出。

(2)事故原因：内操盯盘不紧，液位计损坏或变送器失灵。

(3)事故处理。

外操——迅速关闭储罐进口并开启出口。

外操——启动送料泵进行倒罐作业。

内操——联系装置区停止送料。

外操——联系维保清理现场溢出液硫。

(4)事故处理退守状态。

冒罐时，装置按“退守状态2”进行处理。

其中：“退守状态2”为停各机泵，关闭储罐进出口阀，罐区半停工。

7. 拓展知识阅读推荐(至少推荐1篇)

《钢制焊接常压容器》(JB/T 4735—1997)，1997年1月21日发布。

项目二 液硫罐投运作业

1. 工作任务(目的)

操作员工掌握液硫罐首次投运的作业过程中的操作要点。

2. 常用工具

现场工作记录本、红外线温度检测仪、防爆F扳手、防爆对讲机、防烫手套若干。

3. 投运流程(以410-T-001罐为例)

投运前装置全面检查：

班组——组织对液硫罐区装置进行全面检查。

外操——确认管线上的盲板是否已按要求拆除。

外操——确认管线上阀门的盘根、压盖是否安装好，螺栓、垫片是否配齐、紧固，螺杆是否润滑，手轮是否齐全。

外操——确认管线上压力表、温度计管嘴等配件是否齐全。

外操——确认新增管线材质、管径是否符合要求。

外操——确认无杂物遗漏在容器内。

外操——确认罐等压力容器的人孔、接口法兰是否紧固、无松动，螺栓、垫片是否按要求选配。

外操——确认压力表、液位计、温度计等压力容器配件是否完好配齐。

外操——确认安全阀是否按要求安装好，没有错漏。

外操——确认机泵是否按要求检修完毕。

外操——确认机泵各附件是否齐全。

外操——确认机泵进出口法兰、垫片是否符合要求紧固。

外操——确认机泵内油质是否需要更换，冷却系统是否完好畅通。

外操——确认各调节阀、变送器、传感器件是否完好齐全。

外操——逐个检查确认各个调节阀是否灵活好用。

内/外操——确认 DCS 是否投用好，显示数值是否与现场对应，无错漏。

内/外操——确认各报警仪是否完好。

外操——确认管线、容器设备的油漆和保温状况是否完好。

外操——确认装置现场的脚手架等杂物是否清除干净。

外操——确认装置各区的消防蒸汽带、消防水带是否配齐，灭火器是否齐全好用。

外操——确认各设备的接地线是否完好。

4. 投运储罐(以罐 410-T-001 为例)

(1)确认装置开工检查工作完成，处于待用状态，试压、气密完成，公用工程介质引入装置，开工盲板已拆除，开工程序联锁已调试好。

(2)系统升温。

内操——接调度指令，联系外操升温。

外操——检查投用罐、管线、仪表等伴热。

(3)储罐进料。

外操——开启界区阀，导通联合装置至储罐流程。

内操——开启储罐进料控制阀。

(4)装置供料。

内操——联系成型装置准备供料。

外操——打开储罐 410-T-001 的罐出口阀门，导通储罐至液硫送料泵流程。

外操——打开罐区至成型装置界区阀门。

外操——正常启动送料泵 410-P-001/002/004，待泵出口压力稳定开泵出口阀门。

外操——送料结束后，停运送料泵 410-P-001/002/004，然后关闭相关阀门。

(5)根据开工情况总结各工作完成时间，流量控制方式，以备后续工作借鉴。

5. 作业要点

(1)投运前的流程检查。

(2)管线阀门的气密性实验的确认，防止后续的跑冒滴漏现象的发生。

(3)温度指标的确认，储罐和液硫管网必须达到138℃方能投运。

6. 投运操作注意事项

(1)将要使用的液硫管线，提前打开伴热线，并检查疏水器状况。

(2)开工过程中要做到“三加强”，即加强联系工作、加强对设备的检查、加强计量工作。

(3)在收取液硫过程中要加强对储罐液位的检查，防止冒罐事故发生。

7. 应急事故预防与处置

冒罐事故处理如下所示。

(1)事故现象。

内操——储罐出现假液位。

外操——液硫自储罐顶部冒出。

(2)事故原因：内操盯盘不紧，液位计损坏或变送器失灵。

(3)事故处理。

外操——迅速关闭储罐进口并开启出口。

外操——启动送料泵进行倒罐作业。

内操——联系装置区停止送料。

外操——联系维保清理现场溢出液硫。

(4)事故处理退守状态。

冒罐时，装置按“退守状态 2”进行处理。

其中：“退守状态 2”为停各机泵，关闭储罐进出口阀，罐区半停工。

8. 拓展知识阅读推荐(至少推荐 1 篇)

《内拱形底储罐边缘区应力分析及设计》，《石油化工设备技术》，1985 年第 05 期，作者：李文秀、宋明晨。

项目三 储罐停运作业

1. 工作任务(目的)

操作员工掌握液硫罐停运作业过程中的操作要点。

2. 常用工具

现场工作记录本、红外线温度检测仪、防爆 F 扳手、防爆对讲机、防烫手套若干。

3. 停运流程(以 410-T-001 罐为例)

停运准备：

(1)各岗位操作人员认真学习停工方案，搞好技术练兵。

(2)对停工大检修工艺设备改造动火项目进行现场交底。

(3)各岗位备好消防器材，检修所需盲板、垫片、螺栓等零件，工具齐全。

(4)储罐进行倒罐，保证罐体容积余量足够，以备生产装置退液。

班组——联系调度做好停工准备。

外操——准备好停工的各种用具和劳保用品。

外操——落实和安排好罐区停工检修项目。

外操——检查现场盲板是否准备，是否向检修单位交底。

停运步骤

内操——联系调度导通联合装置液硫池至成型装置流程。

外操——关闭联合装置至液硫罐区界区阀。

外操——导通该罐至备用罐流程，进行倒罐操作。

外操——停该罐伴热蒸汽。

内操——联系调度安排维保进行检修作业。

外操——检修完毕后，投用伴热蒸汽使该罐处于热备状态。

内操——联系调度恢复液硫罐区至成型装置流程。

停运操作注意事项：

(1)提前对将要使用的管线贯通处理，打开伴热线，备生产装置退料。

(2)在收退料过程中，加强对温度的监测，并做好记录，当退料温度超过规定值时，及时联系调度降温，并适当关小伴热蒸汽。

(3)停工过程中，要做到“三加强”，即加强联系工作、加强对设备的检查、加强计量工作。

4. 异常情况处理

液流罐区异常情况处置方法见表1-2。

表1-2　液硫罐区异常情况处置方法

现象	问题	处理
液硫储罐温度过高或过低	仪表问题：减温减压器除氧水入口流量控制不稳	自动改为手动，手动调节除氧水入口流量，联系仪表检修
液硫储罐液位过低	联合装置液硫输送量降低，成型装置未及时调整负荷	联系成型装置，降低硫磺成型装置负荷，保证液硫罐液位

5. 装置事故处理预案

装置在正常生产期间，由于设备故障、系统原因、操作失误、机械磨损、氧化腐蚀等原因，应采取必要的措施，调整操作参数或做紧急停工处理，消除和避免事故扩大，确保装置的安全生产。

(1)不论发生何种事故，操作人员尤其是班长，首先要保持冷静切不可着急慌乱。

(2)迅速查找事故原因，一般应从原料、公用工程、工艺参数、设备仪表几个方面来考虑。

(3)发现问题冷静分析，准确判断，积极处理。

(4)当遇到突发的事故或事故原因不明确，短时间无法解决时，为控制事态发展，避免事故扩大蔓延，保护人身，保护设备，最大限度地减少损失，即可果断地采取紧急停工手段。

(5)事故处理过程中必须遵守操作规程，执行安全规定，否则不但无助于排除事故，反而容易造成更大危险。

(6)凡属于管线破裂着火，应关闭两头阀门，防止事故扩大。

(7)凡属于设备事故，应尽力保住事故设备，不能危及其他设备以及人身安全。

(8)若是停电，要求关闭所有机泵出口阀。

(9)事故处理完毕，要本着“四不放过”原则，认真分析总结，若遇到以下事故之一者，应按紧急停工处理。

①关键设备(送料泵)无法启动，备用设备也无法启动。

②设备管线泄漏严重。

③长时间停循环水、电、蒸汽、风。

④重大火灾爆炸事故。

事故发生后，班长要汇报生产调度，在调度员和班长的指挥下，要迅速、冷静、果断做出有关决定，以防事故扩大。在紧急停工处理过程中，应做到不跑、不漏、不串罐、不超温、不超速、不串压、不损坏设备、不发生人身事故，在紧急停工过程中，在事故允许的条件下，尽量维持局部循环，各原料停止出装置，或尽量按正常停工方法进行处理。

6. 拓展知识阅读推荐(至少推荐1篇)

《危险化学品安全管理条例》，国家法规，2011年12月1日。

项目四 检尺作业

1. 工作任务(目的)

操作员工通过检尺作业用于验证储罐差压液位计和雷达液位计度数的真伪。

2. 常用工具

现场工作记录本、红外线温度检测仪、防爆F扳手、防爆对讲机、防烫手套若干。

3. 检尺术语

(1)检尺：用量油尺检测储罐内液硫液面高度(简称油高)的过程。

(2)量油孔：在容器顶部，进行检尺、测温和取样的开口。

(3)参照点：在检尺口上的一个固定点或标记，即从该点起进行测量。

(4)检尺板(基准板)：一块焊在容器底(或容器壁)上的水平金属板，位于参照点的正下方，作为测深尺锤的接触面。

(5)检尺点(基准点)：在容器底或检尺板上，检尺时测深尺锤接触的点。

(6)参照高度：从参照点到检尺点的距离。

(7)油高：从液硫液面到检尺点的距离。

(8)空距：从参照点到容器内液硫液面的距离。

(9)人工检尺：通过人的手工操作对容器内所盛装的介质进行实测检尺的过程。

(10)检尺方法：就是测量量油口基准点至液面的垂直距离。

4. 检尺要求

(1)储罐在收液硫、输转、外输作业前后都应进行计量。

(2)人工检尺规定：液硫储罐一般情况下不用检尺，需要检尺时，须车间领导批准，检尺人员至少要有2人监护，每人必须先穿戴好空气呼吸器无误后，方可上罐作业。

(3)储罐快进满或接近抽空时，要及时掌握液硫量变化，需要检尺，防止仪表显示失灵发生事故。

(4)储罐的液硫温度和液位情况每两小时巡测一次，并做好仪表显示记录。操作人员应详细、正确填写每天的《质量记录》和《每日储罐动态表》，以便核对储量。

(5)每月1日8：00时，各岗位人员要对所有的储罐液硫量进行一次月终盘点，要求均用人工检尺，并向调度汇报。

5. 检尺操作

(1)当尺带浸入液硫内时，停止下尺，使卷尺的刻度与检尺点对准；稳定后读下尺高度，提尺再读被浸没部分的高度，做好记录。

(2)重复上述操作进行第二次检尺，两次检尺测量出的检尺值相差不超过2mm时，停止检尺。如果第二次测量值与第一次测量值相差不大于1mm，以第一次测量值为准，若相差大于1mm，则取两次测量值的平均值作为空尺高。两次检尺读数相差超过2mm应重新检尺。

(3)检尺时，液面高度等于检尺总高度减去空尺高度再加上浸没高度。

6. 注意事项

(1)检尺时，操作者要站在上风头，启闭量油孔盖时要慢开轻盖。

(2)如遇雷暴天气，在保证安全液位的情况下可暂停手工检尺，但要严密监视液位测量系统，雷暴一停应立即恢复。

(3)检尺操作应由两人进行，一人在罐上作业，一人在现场进行监护。

(4)罐区有动火作业时严禁进行检尺作业。

(5)检尺过程中洒落在罐顶的硫磺，应在其凝固冷却后清理干净，以免烫伤。

(6)雷雨、冰雹、暴风雨天气，不进行检尺作业。

(7)检尺作业过程中发生异常情况立即停止作业，联系车间职能人员处理。

(8)液硫罐的检尺操作应佩戴正压式空气呼吸器进行操作。

7. 应急事故预防与处置

高处坠落事故应急预案：

(1)高处作业人员应接受高处作业安全知识的教育，特种高处作业人员应持证上岗，上岗前依据有关规定进行专门的安全技术签字交底，采用新工艺、新技术、新材料和新设备，应按规定进行相关的安全技术签字交底。

(2)高处作业人员经过体检合格后上岗，作业人员应按规定正确佩带和使用合格的安全帽、安全带等必备的安全防护用具。

(3)如发生高处坠落事件时，监护人员一面通过防爆对讲机向中控室汇报请求支援，一面应迅速将坠落者移至安全地方，并展开应急抢救。

(4)如伤者出现呼吸骤停，应展开人工呼吸和心肺复苏抢救。

(5)抢救工作应坚持到专业医务人员的到来。

8. 拓展知识阅读推荐(至少推荐1篇)

《储液罐计量检尺的安全技术分析》，《中国高新技术企业》2009年07期。

模块二　减温减压器的检查及操作

说明：减温减压器是将高温高压蒸汽降为用户能够使用的低压低温蒸汽。元坝净化厂的减温减压器采用的是一体式的系统。该减温减压器由控制系统、减压系统和喷水减温系统组成。其特点如下：(1)控制系统：主控制器采用DCS控制系统中的调节模块，具有强大的功能组件，友好的人机界面和快速准确的PID控制回路，实现智能化、可灵活调整参数设定，并可根据用户要求进行功能扩展。(2)减压装置：蒸汽的减压过程是由减压阀和节流孔板的节流来实现的，其减压级数由新蒸汽减压后蒸汽压力之差来决定。减压阀的压力调节是通过大执行器气动执行机构来完成，运行平稳，寿命长，根据二次蒸汽设定值要求，无论一次蒸汽压力如何波动，均能保持二次蒸气压力稳定。(3)减温装置：利用航空动力学技术专门设计的减温水雾化装置，采用流体自身动力降低设备功耗，减温水即被粉碎成雾状水珠与蒸汽混和迅速完全蒸发，从而达到降低蒸汽温度的作用。(4)雾化效果好，(雾化微粒直径≤500um)可有效避免汽蚀及闪蒸，可调比高。液硫罐区内的减温减压器设计入口中压蒸汽(压力1.0MPa、温度2500℃)，除氧水(压力1.5MPa、温度800℃)，出口低压蒸汽(压力0.4MPa、温度1500℃)。

项目一　减温减压器的检查

1. 工作任务(目的)

检查减温减压器无跑冒滴漏现象，检查减温减压器附件工作是否正常。

2. 常用工具

现场工作记录本、红外线温度检测仪、防爆F扳手、防爆对讲机、防烫手套若干、现场配备的清洁工具等。

3. 检查流程

检查前准备：

(1) 穿戴劳保服装防护用品，主要包括穿着防静电服、佩戴安全帽、脚穿劳保鞋、佩戴正压式空气呼吸器、佩戴硫化氢报警仪。

(2) 检查前，从中控室DCS上记录两台减温减压器的进出口压力和温度，为下一步现场检查做比对参考。

(3) 检查项目、方法、步骤及重点。

操作规范步骤：

(1) 记录DCS上的储罐参数。

(2) 穿戴劳保及防护用品检查减温减压器。

(3) 检查减温减压器无变形、裂纹、鼓包、锈蚀等情况，无跑、冒、滴、漏现象发生。

(4) 检查仪表风压力正常，无泄漏。

(5) 检查温度仪表，无泄漏，指示准确。

(6) 检查压力仪表，无泄漏，指示准确。

(7) 检查接地，接地螺栓齐全，连接无松动。

4. 检查要点或质量标准

减温减压器检查项目及注意事项见表1-3。

表 1-3　减温减压器检查详情

序号	检查项目	标准	主要危害及后果
1	安全阀	安全阀铅封完好；在校验期内，校验铭牌清晰；根部阀全开，无泄漏；整定压力设定符合规范要求；资料齐全	安全阀到整定压力不起跳，造成憋压、爆裂、变形、泄漏，引起爆炸；未到整定压力时起跳，影响生产
2	压力表	选型适当，校验期内，指示正确，标识清楚，完好，指示灵敏，接头无泄漏	压力表损坏、过期或接头处泄漏，压力显示有偏差，不能提供准确的工况信息，易造成人员误操作，引起流程憋压等事故
3	温度计	选型正确，鉴定期内，精度、量程合适，指示正确	温度指示不准确，严重时造成机组超温，影响机组运行安全，造成设备损坏
4	阀门、法兰及管线	阀门、法兰紧固到位，无泄漏	泄漏介质，造成人员伤害
5	接地	接地连接无松动，接地电阻 <4Ω	接地不良或电阻超差，会发生人员触电事故，或者烧毁现场仪器仪表
6	压力变送器	无泄漏，指示准确	在产生偏差严重时，造成容器超压
7	温度变送器	无泄漏，指示准确	在产生偏差严重时，造成容器超过额定温度
8	减压阀	仪表风压力正常，无泄漏，执行开度指令准确可靠	仪表风压力不足使调压阀不能正常工作，调压阀不执行开度指令，或实际开度与指令偏差较大，造成设备故障
9	基础支承支座	牢固，齐全，基础完整，无严重裂纹，无不均匀下沉，紧固螺栓完好	严重时，造成设备倒塌，泄漏，或爆炸
10	保温层	无开裂脱落	进入雨水，设备锈蚀减薄，坠落伤人

5. 安全注意事项

（1）进入涉硫区域巡检时，穿戴好防护用品。

（2）因罐区的管线沿地面敷设，进入罐区应注意脚下，防止滑倒跌伤。

（3）检查减温减压器及其附件时，注意避免烫伤。

6. 应急事故预防与处置

减温减压器泄漏事故处理：

(1)事故现象。

内操——视频监控中有大量水蒸气冒出。

外操——减温减压器泄漏处有大量水蒸气冒出。

(2)事故原因：内操视频监控不紧，外操现场巡检不到位。

(3)事故处理。

外操——迅速导通备用减温减压器流程(正常在热备用状态)。

外操——通知内操开始减温减压器作业。

内操——缓慢开启减压阀的喷嘴，以及除氧水的温度调节阀，当即将达到低压蒸汽要求的压力和温度时，置自动状态。

外操——关闭泄漏减温减压器的流程。

外操——现场泄压，联系维保单位维修减温减压器。

7. 拓展知识阅读推荐(至少推荐1篇)

《自动控制原理》，电子工业出版社，作者：谢克明。

项目二 减温减压器投运作业

1. 工作任务(目的)

投运410单元的减温减压器，为全厂公共单元提供低压蒸汽。

2. 常用工具

现场工作记录本、红外线温度检测仪、防爆F扳手、防爆对讲机、现场配备的清洁工具、防烫手套若干。

3. 减温减压器投用操作

准备工作：

(1) 启用前对减温减压器进行全面检查，附件安装齐全、紧固。

(2) 减温减压器试验合格后方可使用。检查压力表、温度计、流量计、安全阀是否正常，好用。

(3) 确认公用工程1.2MPa蒸汽压力正常，能正常供应。

(4) 中压蒸汽已引到中压蒸汽界区阀处。

(5) 除氧水已引到除氧水界区阀处。

(6) 仪表风系统已投用。

(7) 减温减压器2台，调压阀处于备用状态、阀位处于关闭状态。

(8) 除氧水2台，调节阀处于备用状态，阀位处于关闭状态。

启用：

(1) 检查后续蒸汽管线各低点排凝打开，剩水放净。稍开蒸汽入口阀(进行前段暖管，暖管时间30分钟)，待完成后，打开减温减压器疏水阀，打开安全阀副线，并缓慢打开出口阀，对后段进行暖管操作，待各排凝点不再出水之后，缓慢开启蒸汽界区阀，进行缓慢升压。

(2) 通知内操调节减温减压器出口压力，保持在0.4MPa左右。

(3) 打开除氧水入减温减压器阀门，并打开减温减压器除氧水流量控制阀前后手阀，确认正常后联系内操调节减温减压器出口温度，保持在158℃。

(4) 详细检查减温减压器的运行情况，并做好运行记录。

维护：

(1) 定期检查阀门、法兰有无泄漏。

(2) 定期检查安全附件、螺栓、压力表等是否紧固。

(3) 定期检查进出口压力情况，当出口压力高于0.45MPa或低于0.35MPa时，温度小于130℃或大于155℃时，应及时联系内操调整。

操作要点：

(1) 中压蒸汽界区阀至减温减压器段中压蒸汽管线上3处排凝阀。

(2) 减温减压器出口DN300管线上2处排凝阀。

(3) DN300 低压蒸汽界区阀后 1 处排凝阀。
(4) DN250 消防蒸汽管线末端 1 处排凝阀。
(5) DN150 罐区低压蒸汽总管末端 1 处排凝阀。
注意事项：
(1)暖管注意事项：
① 管线内凝液必须排净，直至见出蒸汽为止。
② 缓慢开启阀门、逐步升温，升温速度控制在：80℃/h、流量：3~5t/h。
(2)减温减压器注意事项：
① 严禁擅自操作手动调节手轮。
② 严禁擅自操作仪表风阀门。
③ 严禁开启减温减压器压力表保温箱底部排凝阀，将冷凝液排出。

4. 应急事故预防与处置

停除氧水事故处理：
(1) 事故现象。
内操——除氧水流量指示下降。
外操——减温减压器出口温度升高。
(2) 事故原因：除氧水系统发生故障。
(3) 事故处理。
外操——迅速关小低压蒸汽进罐区阀门。
外操——密切关注液硫储罐液硫温度。
(4) 事故处理退守状态
装置按“退守状态 1”进行处理。

5. 拓展知识阅读推荐(至少推荐 1 篇)

《化工装置蒸汽伴热系统设计》，作者：黄凯华，《中国石油和化工标准与质量》2013 年 01 期。

项目三　减温减压器切换作业

1. 工作任务(目的)

将正在运行的减温减压器切换成备用的减温减压器。

2. 常用工具

现场工作记录本、红外线温度检测仪、防爆 F 扳手、防爆对讲机、现场配备的清洁工具、防烫手套若干等。

3. 减温减压器切换操作

准备工作：
(1) 启用前对备用的减温减压器进行全面检查，附件安装齐全、紧固。
(2) 备用减温减压器试验合格后方可使用。检查压力表、温度计、流量计、安全阀是否正常，好用。
(3) 确认公用工程 1. 2MPa 蒸汽压力正常，能正常供应。

（4）中压蒸汽已引到中压蒸汽界区阀处。

（5）除氧水已引到除氧水界区阀处。

（6）仪表风系统已投用。

（7）备用减温减压器的调压阀处于备用状态、阀位处于关闭状态。

（8）备用减温减压器的除氧水调节阀处于备用状态、阀位处于关闭状态。

切换：

（1）按照项目二缓慢启用备用的减温减压器。

（2）通知内操缓慢关小在用减温减压器的喷嘴，保持在 0.4MPa 左右。

（3）通知内操缓慢关小在用减温减压器的除氧水的开度，保持在 150℃左右。

（4）以此类推，直至将在用的减温减压器的喷嘴关至 5%，除氧水调节阀完全关闭，将投运的减温减压器投到自动状态。

（5）检查运行正常后，将停运的减温减压器进口中压蒸汽和出口低压蒸汽关闭各留一扣，使该设备一直处于暖管热备用状态，便于下次快速启用。

（6）详细检查减温减压器的运行情况，并做好运行记录。

维护：

（1）定期检查阀门、法兰有无泄漏。

（2）定期检查安全附件、螺栓、压力表等是否紧固。

（3）定期检查进出口压力情况，当出口压力高于 0.45MPa 或低于 0.35MPa 时，温度小于 130℃或大于 155℃时，应及时联系内操调整。

操作要点：

（1）中压蒸汽界区阀至减温减压器段中压蒸汽管线上 3 处排凝阀。

（2）减温减压器出口 DN300 管线上 2 处排凝阀。

（3）DN300 低压蒸汽界区阀后 1 处排凝阀。

（4）DN250 消防蒸汽管线末端 1 处排凝阀。

（5）DN150 罐区低压蒸汽总管末端 1 处排凝阀。

（6）整个操作过程应缓慢进行，尽量做到无扰动，以免影响到下游的负载。

注意事项：

（1）暖管注意事项：

①管线内凝液必须排净，直至见出蒸汽为止。

②缓慢开启阀门、逐步升温，升温速度控制在：80℃/h、流量：3~5t/h。

（2）减温减压器注意事项：

①严禁擅自操作手动调节手轮。

②严禁擅自操作仪表风阀门。

③严禁开启减温减压器压力表保温箱底部排凝阀，将冷凝液排出。

4. 拓展知识阅读推荐（至少推荐 1 篇）

《化工工艺管道的伴热设计探讨》，作者：周小刚，《化工管理》2013 年第六期。

模块三　液硫输送泵的检查及操作

说明：本模块所讲述的液硫输送泵检查及操作主要用于硫磺储运车间液硫罐区 410-P-001/002/004 的开停、运行、切换、维护及故障分析与处理等。液硫输送泵启动工作时，驱动机通过联轴器带动叶轮旋转，当叶轮高速旋转时叶轮中的叶片驱使液硫一起旋转，在离心力作用下，液硫从叶轮中心沿叶片流道被甩向叶轮出口，并流经蜗壳送入排出管。液硫从叶轮获得能量，使静压能和速度能均增加，并依靠此能量将液硫输送到工作地点。液硫送料泵技术参数见表 1-4。

表 1-4　液硫送料泵技术参数

设备编号	410-P-001/002/004
额定流量	$15m^3/h$
正常流量	$13.8m^3/h$
扬程	63.45m
温度	140℃
操作介质	液体硫黄
轴功率	13.1kW
电机功率	18.5kW

项目一　液硫送料泵的检查

1. 工作任务(目的)

检查液硫送料泵无跑冒滴漏现象，检查液硫送料泵附件工作是否正常。

2. 常用工具

现场工作记录本、红外线温度检测仪、防爆 F 扳手、防爆对讲机、现场配备的清洁工具等。

3. 检查流程

检查前准备：

(1) 穿戴劳保服装防护用品，主要包括穿着防静电服、佩戴安全帽、脚穿劳保鞋、佩戴正压式空气呼吸器、佩戴硫化氢报警仪、佩戴防烫手套。

(2) 检查前，从中控室 DCS 上记录液硫送料泵的出口压力和温度，以及各泵的运行状态，为下一步现场检查做比对参考。

(3) 检查前检查项目、方法、步骤及重点。

操作规范步骤：

(1) 记录 DCS 上的与液硫送料泵相关的参数。

(2) 穿戴劳保及防护用品检查液硫送料泵。

(3) 检查液硫送料泵振动情况、裂纹、鼓包、锈蚀等情况，无跑、冒、滴、漏现象发生。

(4) 检查泵体伴热，无泄漏。

(5) 检查液硫送料泵机封，无泄漏。

(6) 检查压力仪表，无泄漏，指示准确。

(7) 检查接地，接地螺栓齐全，连接无松动。

4. 检查要点或质量标准

液硫送料泵检查项目及注意事项见表 1-5。

表 1-5 液硫送料泵检查详情

序号	检查项目	标准	主要危害及后果
1	泵体	泵的本体无变形、裂纹、鼓包等情况，无跑、冒、滴、漏现象发生	存在变形、裂缝，发生泵体泄漏
2	联轴器	联轴器完好，对中平衡	联轴器对中偏差大或损坏，转动不平衡，引起轴承磨损
3	轴承	盘车转动灵活，无卡阻	转动不灵活或卡阻，引起轴承磨损
4	机械密封	机械密封完好，无泄漏	机械密封损坏，引起冷凝水泄漏
5	基础及护罩	基础及护罩完好，连接螺栓齐全、无松动	基础、护罩损坏或固定螺栓松动，泵运行不平稳，引起机组损坏
6	操作柱	接地无松动、地脚螺栓紧固、控制开关灵活、电线线路无裸露	接地松动、电线线路裸露易发生触电；控制开关不灵活、地脚螺栓松动易生成操作柱损坏
7	出口压力	出口压力在 0.6MPa 以下	压力过高或过低时，引起泵负载增大，电机过流
8	接地	接地连接无松动，接地电阻 <4Ω	接地不良或电阻超差，会发生人员触电事故，或者烧毁现场仪器仪表

5. 安全注意事项

(1) 进入涉硫区域巡检时，穿戴好防护用品。

(2) 因罐区的管线沿地面敷设，进入罐区应注意脚下，防止滑倒跌伤。

(3) 检查液硫送料泵及其附件时，注意避免烫伤。

6. 应急事故预防与处置

液硫送料泵泄漏事故处理：

(1)事故现象。

内操——DCS 中有泵出口压力下降。

外操——液硫送料泵泄漏处有大量液硫喷出。

(2)事故原因：内操视频监控不紧，外操现场巡检不到位。

(3)事故处理。

外操——迅速停止运行泵的运行。

外操——迅速隔离泄漏点。

外操——通知内操开始倒液硫送料泵作业。

内操——缓慢导通备用泵流程。

外操——启用备用泵。

外操——现场泄压，联系维保单位维修泄漏点。

7. 拓展知识阅读推荐(至少推荐1篇)

《多工况高效无过载低比转数离心泵设计优化》，《农业机械学报》2014年第05期，作者：张金凤、张云蕾、袁寿其、冒杰云。

项目二　液硫送料泵投运作业

1. 工作任务(目的)

操作员工掌握液硫送料泵投运的作业过程中的操作要点。

2. 常用工具

现场工作记录本、红外线温度检测仪、防爆F扳手、防爆对讲机、防烫手套若干等

3. 投运流程(以410-P-001泵为例)

投运前设备的全面检查：

(1) 检查泵体及出入口管线和附属管线上的阀门、法兰、压力表等有无泄漏。

(2) 检查地脚螺栓有无松动，联轴器是否接好。

(3) 检查泵出口压力表开关是否良好，核实压力表引压阀已打开，出口阀关闭。

(4) 检查电机接地良好。

(5) 按机泵滑润油"五定"表和三级过滤规定向轴承油箱注入合格润滑油，加油前油箱必须用油清洗干净，油位应处于油标的1/2~2/3之间。

(6) 检查机泵伴热管线的蒸汽压力是否在0.4MPa左右。

(7) 确认泵的旁通阀已关闭。

(8) 检查进出口夹套管伴热管线，并且投用伴热低压蒸汽，检查伴热线是否正常。

(9) 盘车2~3圈，检查转子是否灵活、轻松，泵体内是否有不正常声音和金属撞击声。

(10) 联系送电，初次投用或凡经大修过的电机必须单机试运合格(包括旋转方向正确)方能使用，按有关规定试运。

投运液硫送料泵(以410-P-001泵为例)：

(1)确认机泵的入口阀全开，出口阀全关，低压伴热蒸汽正常，储罐液位高于最低液位(1m)以上。

(2)检查液硫送料泵进出口夹套管伴热管线是否正常。打开液硫送料泵夹套伴热管线进口阀，投用伴热低压蒸汽，开伴热管线出口阀，从视镜观察蒸汽伴热系统是否正常。在投用伴热蒸汽过程中一定要缓慢，通蒸汽伴热暖泵半小时之后才能启动泵。

(3)缓慢打开储罐出口阀，靠液硫的自重流入进口管线，使整个液硫管线和机泵内充满液硫。

(4)打开泵出口放空阀放空，无气体排出后关闭。

(5)按机泵的启动按钮启泵，在启泵过程中注意观察泵的电机电流、泵的出口压力，泵的振动、密封泄漏情况，如有异常立即停泵。

(6)缓慢打开泵出口阀，根据工艺要求调整泵的出口流量和压力。

注意：机泵不可长时间在出口阀关闭的情况下运行，机泵首次启动后，必须保持机泵的

低压伴热蒸汽、进出液硫管线的低压伴热蒸汽的投用，不得中断，在巡检过程中要注意查看低压伴热蒸汽是否正常，同时注意防烫伤。

作业要点：

（1）投运前的流程检查。

（2）管线阀门的气密性实验的确认，防止后续的跑冒滴漏现象的发生。

（3）温度指标的确认，液硫泵必须达到138℃方能投运。

投运操作注意事项：

（1）将要使用的液硫管线，提前打开伴热线，并检查疏水器状况。

（2）开工过程中要做到“三加强”，即加强联系工作、加强对设备的检查、加强计量工作。

4. 常见故障及处理方法

液硫送料泵常见事故及处理方法见表1-6。

表1-6 液硫送料泵投运作业常见故障及处理方法

常见故障	原 因	处理方法
泵不启动	电机故障或断电	修理电机或检查供电系统
	叶轮堵塞	清理
	泵咬死	修理泵
泵打不出液体	出口阀未打开或故障	打开出口阀或修理出口阀
	空气漏进吸入系统	检查吸入系统
	叶轮被异物堵塞	清理异物
泵出口流量和扬程不足	空气漏进吸入系统	检查吸入系统
	转数低	检查电机及电源
	净吸入压力不足	改善吸入条件
	机械缺陷，如耐磨环磨损等	修理或更换
	进、出口被异物堵塞	清理异物
	仪表故障	更换或修理
	泵反转	调整电机转向
开始运行正常但立即又不出液体	吸入空气	检查吸入槽液位
轴承过热	润滑油(脂)太少或变质	加油(脂)或更换油(脂)
	电机与泵对中不良	重新找正
	轴承损坏	更换轴承
	轴弯曲	修理或更换轴
	轴向力增加	检查原因，修理
电机过载	超速运转	检查电源
	泵内有异常接触	修理
	轴弯曲或对中不良	修理或更换轴，重新找正
	液体比重、黏度大	检查设计
	反转	调整电机转向

续表

常见故障	原 因	处理方法
振动大	对中不良	重新找正
	轴弯曲	修理或更换轴
	基础固定不良	加固基础
	轴承损坏	更换轴承
	叶轮被异物堵塞	清理异物
	净吸入压头不足或储槽中液位低或吸入系统进入空气而产生气蚀	改善吸入条件，停泵，待液位上升后再启动泵，检查吸入系统

5. 拓展知识阅读推荐(至少推荐1篇)

《低比转数离心泵设计》，《机械工程师》2012年第08期，作者：迟秋立、张晓光、姜元锋、李东霖。

项目三　液硫送料泵切换作业

1. 工作任务(目的)

操作员工掌握液硫送料泵切换作业中的操作要点。

2. 常用工具

现场工作记录本、红外线温度检测仪、防爆F扳手、防爆对讲机、防烫手套若干。

3. 切换流程(以410-P-001泵切换为410-P-002泵为例)

投运前410-P-002泵的全面检查：

(1)检查泵体及出入口管线和附属管线上的阀门、法兰、压力表等有无泄漏。

(2)检查地脚螺栓有无松动，联轴器是否接好。

(3)检查泵出口压力表开关是否良好，核实压力表引压阀已打开，出口阀关闭。

(4)检查电机接地良好。

(5)按机泵滑润油“五定”表和三级过滤规定向轴承油箱注入合格润滑油，加油前油箱必须用油清洗干净，油位应处于油标的1/2~2/3之间。

(6)检查机泵伴热管线的蒸汽压力是否在0.4MPa左右。

(7)确认泵的旁通阀已关闭。

(8)检查进出口夹套管伴热管线，并且投用伴热低压蒸汽，检查伴热线是否正常。

(9)盘车2~3圈，检查转子是否灵活、轻松，泵体内是否有不正常声音和金属撞击声。

(10)联系送电，初次投用或凡经大修过的电机必须单机试运合格(包括旋转方向正确)方能使用，按有关规定试运。

切换液硫送料泵：

(1)做好备用泵启动前的各项准备工作，按正常启动程序启动。切换前流量控制阀应改为手动，并由专人监视以使切换波动时及时稳定流量。

(2)备用泵启动正常后，应在逐渐开大备用泵出口阀的同时逐渐关小原运行泵出口阀(若两人配合，一开一关要互相均衡)，直至新运行泵出口阀接近全开，原运行泵出口阀全关为止，然后才能停原运行泵。在切换过程中一定要随时注意电流压力和流量有无波动的情况，保证切换平稳。

(3)原运行泵停泵后按正常停运进行处理。

作业要点：

(1) 切换前的流程检查。

(2) 管线阀门的气密性实验的确认，防止后续的跑冒滴漏现象的发生。

(3) 温度指标的确认，液硫泵必须达到138℃方能投运。

切换操作注意事项：

(1) 将要使用的液硫管线，提前打开伴热线，并检查疏水器状况。

(2) 开工过程中要做到“三加强”，即加强联系工作、加强对设备的检查、加强计量工作。

运行维护：

(1)检查轴承温度，轴承温度不大于70℃。

(2)检查泵体及管线有无泄漏，声音是否异常，管线伴热情况是否良好。

4. 常见故障及处理方法

液硫送料泵切换作业常见故障及处理方法见表1-7。

表1-7 液硫送料泵切换作业常见故障及处理方法

常见故障	原　　因	处理方法
泵不启动	电机故障或断电	修理电机或检查供电系统
	叶轮堵塞	清理
	泵咬死	修理泵
泵打不出液体	出口阀未打开或故障	打开出口阀或修理出口阀
	空气漏进吸入系统	检查吸入系统
	叶轮被异物堵塞	清理异物
泵出口流量和扬程不足	空气漏进吸入系统	检查吸入系统
	转数低	检查电机及电源
	净吸入压力不足	改善吸入条件
	机械缺陷，如耐磨环磨损等	修理或更换
	进、出口被异物堵塞	清理异物
	仪表故障	更换或修理
	泵反转	调整电机转向
开始运行正常但立即又不出液体	吸入空气	检查吸入槽液位
轴承过热	润滑油(脂)太少或变质	加油(脂)或更换油(脂)
	电机与泵对中不良	重新找正
	轴承损坏	更换轴承
	轴弯曲	修理或更换轴
	轴向力增加	检查原因，修理

续表

常见故障	原因	处理方法
电机过载	超速运转	检查电源
	泵内有异常接触	修理
	轴弯曲或对中不良	修理或更换轴，重新找正
	液体比重、黏度大	检查设计
	反转	调整电机转向
振动大	对中不良	重新找正
	轴弯曲	修理或更换轴
	基础固定不良	加固基础
	轴承损坏	更换轴承
	叶轮被异物堵塞	清理异物
	净吸入压头不足或储槽中液位低或吸入系统进入空气而产生气蚀	改善吸入条件，停泵，待液位上升后再启动泵，检查吸入系统

5. 拓展知识阅读推荐(至少推荐1篇)

《不同比转数离心泵作透平研究》，《农业机械学报》2013年第03期，作者：杨孙圣、李强、黄志攀、孔繁余、石海峡。

模块四　图幅巡检作业

说明：本模块所讲述的图幅巡检作业包括图幅管网中的液硫管线、中压蒸汽、低压蒸汽、净化风、非净化风、氮气、工厂水、除氧水、冷凝水等压力管道以及与之配套的各供热站和管廊基础与支撑。检查他们的运行状态，出异常及时汇报处理，保障上述管线正常运行。

项目一　疏水阀的检查

1. 工作任务(目的)

检查疏水阀无跑冒滴漏现象，检查疏水阀是否堵塞或串气现象。

2. 常用工具

现场工作记录本、红外线温度检测仪、防爆F扳手、防爆对讲机、防烫手套等。

3. 检查流程

检查前准备：

(1) 穿戴劳保服装防护用品，主要包括穿着防静电服、佩戴安全帽、脚穿劳保鞋、佩戴正压式空气呼吸器、佩戴硫化氢报警仪、佩戴防烫手套。

(2) 检查前，从中控室DCS上记录液硫管线的温度，为下一步现场检查做比对参考。

(3) 检查前检查项目、方法、步骤及重点。

操作规范步骤：

（1）记录 DCS 上的液硫管线的温度。

（2）穿戴劳保及防护用品沿图幅一检查疏水阀。

（3）检查疏水阀有无裂纹、鼓包、锈蚀等情况，无跑、冒、滴、漏现象发生。

（4）在各个供热站用红外线温度检测仪检查每路伴热管线，进口与疏水阀前的温度不少于 140℃。

（5）检查接地，接地螺栓齐全，连接无松动。

安全注意事项：

（1）进入涉硫区域巡检时，穿戴好防护用品。

（2）检查疏水阀及其伴热管线时，注意避免烫伤。

4. 应急事故预防与处置

疏水阀堵塞事故处理如下所示。

（1）事故现象。

内操——DCS 中液硫管线液硫温度下降。

外操——液硫管线中流量下降，阻力大，有凝固的危险。

（2）事故原因：内操视频监控不紧，外操现场巡检疏水阀不到位。

（3）事故处理。

外操——迅速打开堵塞疏水阀的上部排放阀，使低压蒸汽流通，达到伴热的目的。

外操——隔离疏水阀。

外操——现场泄压，联系维保单位维修疏水阀。

5. 拓展知识阅读推荐（至少推荐 1 篇）

《工程热力学》（第 4 版），严家騄，2006 年 01 月，高等教育出版社。

项目二　图幅巡检

1. 工作任务（目的）

检查图幅一中液硫管线、蒸汽管线等管廊上所有压力管道有无跑冒滴漏现象，如出现异常及时汇报处理。

2. 常用工具

现场工作记录本、红外线温度检测仪、防爆 F 扳手、防爆对讲机、防烫手套等。

3. 检查流程

检查前准备：

穿戴劳保服装防护用品，主要包括穿着防静电服、佩戴安全帽、脚穿劳保鞋、佩戴正压式空气呼吸器、佩戴硫化氢报警仪、佩戴防烫手套。

操作规范步骤：

（1）记录 DCS 上的与图幅一相关的参数（包括压力、温度等）。

（2）穿戴劳保及防护用品沿图幅一检查管廊支架及管廊上的压力管道。

（3）具体检查项目见表 1-8。

表 1-8　图幅巡检检查项目详情

序号	检查项目	标准	主要危害及后果
1	基础支承支座	基础完整，无严重裂纹，无不均匀下沉，紧固螺栓完好	严重时，造成倒塌、管道损坏，泄漏或爆炸
2	滑动管托	位移在控制范围内	位移过大，管线错位
3	梯子、平台、踏步、扶梯、护栏	牢固、基础完整、无严重裂纹变形，紧固，螺栓完好，清洁、无锈蚀	人身伤害、坠落事故
4	接地	接地连接无松动，接地电阻 <4Ω	接地不良或电阻超差，会发生人员触电事故，或者烧毁现场仪器仪表
5	阀门、法兰、管线	无松动、无泄漏	因泄漏造成人员伤害
6	防腐保温	完好、无开裂脱落	进入雨水，影响保温、管线锈蚀减薄，坠落伤人
7	管网	无跑、冒、滴、漏现象发生	发生高温、高压、窒息、有毒有害、易燃易爆等介质泄漏事故，造成人员伤害、火灾等

4. 安全注意事项

（1）进入涉硫区域巡检时，穿戴好防护用品。

（2）因图幅一的管线沿管廊敷设，离地较高，抬头巡检时应注意脚下，防止滑倒跌伤。

（3）检查供热站及其附件时，注意避免烫伤。

5. 应急事故预防与处置

冷凝水管线水击事故处理如下所示。

（1）事故现象。

外操——冷凝水管线振动较大。

（2）事故原因：供热站的疏水阀有串气现象。

（3）事故处理。

外操——迅速根据振动管线的位置，确定有串气故障的疏水阀。

外操——迅速关闭该疏水阀后截止阀，打开疏水阀前检查阀，隔离故障疏水阀，同时不停止该管线的伴热。

外操——现场泄压，联系维保单位维修疏水阀。

6. 拓展知识阅读推荐(至少推荐 1 篇)

《TSGD0001—2009 压力管道安全技术监察规程——工业管道》《特种设备安全技术规范》。

模块五　冷凝水输送泵的检查及操作

说明：本模块所讲述的冷凝水输送泵检查及操作主要用于硫磺储运车间液硫罐区 410-P-005/006 的开停、运行、切换、维护及故障分析与处理等。冷凝水输送泵启动工作时，驱动机通过联轴器带动叶轮旋转，当叶轮高速旋转时叶轮中的叶片驱使冷凝水一起旋转，在离心力作用下，冷凝水从叶轮中心沿叶片流道被甩向叶轮出口，并流经蜗壳送入排出管。冷凝水从叶轮获得能量，使静压能和速度能均增加，并依靠此能量将冷凝水输送到冷凝水站。

项目一 冷凝水输送泵的检查

1. 工作任务(目的)

检查冷凝水输送泵无跑冒滴漏现象，检查冷凝水输送泵附件工作是否正常。

2. 常用工具

现场工作记录本、红外线温度检测仪、防爆 F 扳手、防爆对讲机、防烫手套等。

3. 检查流程

检查前准备：

(1) 穿戴劳保服装、防护用品，主要包括穿着防静电服、佩戴安全帽、脚穿劳保鞋、佩戴正压式空气呼吸器、佩戴硫化氢报警仪、佩戴防烫手套。

(2) 检查前，从中控室 DCS 上记录冷凝水输送泵的出口压力，以及各泵的运行状态，为下一步现场检查做比对参考。

(3) 检查前检查项目、方法、步骤及重点。

操作规范步骤：

(1) 记录 DCS 上的与冷凝水输送泵相关的参数。

(2) 穿戴劳保及防护用品检查冷凝水输送泵。

(3) 检查液硫送料泵振动情况、裂纹、鼓包、锈蚀等情况 ，无跑、冒、滴、漏现象发生。

(4) 检查液硫送料泵机封，无泄漏。

(5) 检查压力仪表，无泄漏，指示准确。

(6) 检查接地，接地螺栓齐全，连接无松动。

4. 检查要点或质量标准

冷凝水输送泵检查项目及注意事项见表 1-9。

表 1-9 冷凝水输送泵检查项目

序号	检查项目	标准	主要危害及后果
1	泵体	泵的本体无变形、裂纹、鼓包等情况 ，无跑、冒、滴、漏现象发生	存在变形、裂缝，发生泵体泄漏
2	联轴器	联轴器完好，对中平衡	联轴器对中偏差大或损坏，转动不平衡，引起轴承磨损
3	轴承	盘车转动灵活，无卡阻	转动不灵活或卡阻，引起轴承磨损
4	机械密封	机械密封完好，无泄漏	机械密封损坏，引起冷凝水泄漏
5	基础及护罩	基础及护罩完好，连接螺栓齐全、无松动	基础、护罩损坏或固定螺栓松动，泵运行不平稳，引起机组损坏

续表

序号	检查项目	标准	主要危害及后果
6	操作柱	接地无松动、地脚螺栓紧固、控制开关灵活、电线线路无裸露	接地松动、电线线路裸露易发生触电；控制开关不灵活、地脚螺栓松动易生成操作柱损坏
7	出口压力	出口压力在0.6MPa以下	压力过高或过低时，引起泵负载增大，电机过流
8	接地	接地连接无松动，接地电阻<4Ω	接地不良或电阻超差，会发生人员触电事故，或者烧毁现场仪器仪表

5. 安全注意事项

（1）进入涉硫区域巡检时，穿戴好防护用品。

（2）因罐区的管线沿地面敷设，进入罐区应注意脚下，防止滑倒跌伤。

（3）检查冷凝水输送泵及其附件时，注意避免烫伤。

6. 应急事故预防与处置

冷凝水输送泵泄漏事故处理如下所示。

（1）事故现象。

内操——DCS中有泵出口压力下降。

外操——冷凝水输送泵泄漏处有大量冷凝水喷出。

（2）事故原因：内操视频监控不紧，外操现场巡检不到位。

（3）事故处理。

外操——迅速停止运行泵的运行。

外操——迅速隔离泄漏点。

外操——通知内操开始冷凝水输送泵作业。

内操——缓慢导通备用泵流程。

外操——启用备用泵。

外操——现场泄压，联系维保单位维修泄漏点。

7. 拓展知识阅读推荐(至少推荐1篇)

《多级离心泵平衡盘磨损的原因分析及处理措施》，《河南化工》2005年第08期，作者：赵青松、刘丽华、郭小会。

项目二　冷凝水输送泵投运作业

1. 工作任务(目的)

操作员工掌握冷凝水输送泵投运作业中的操作要点。

2. 常用工具

现场工作记录本、红外线温度检测仪、防爆F扳手、防爆对讲机、防烫手套若干。

3. 投运流程(以410-P-005泵为例)

投运前设备的全面检查：

（1）通知电工检查电机、电源接头、静电接地是否良好，绝缘电阻合格，电机或配电柜安装完毕或检修后，应配合电工进行电机单机试运行，确认电机转向正确、运转正常。

（2）确认机泵已施工或检修完毕，联轴器找正合格，泵入口有过滤网的已清洗干净。

（3）检查机泵所有附件齐全好用无缺陷。如：进出口阀、手柄、手轮齐全，盘根无泄漏、不内漏；压力表、温度计完好；油标、油镜齐全透明无泄漏。

（4）搞好机泵支座、泵体、电机、联轴器、保护罩、压力表、油杯等表面卫生，确认边沟无油、无积垢，无积水，地漏疏通、设备地面卫生清洁。

（5）检查清洗轴承油箱，并加入合格的润滑油到油标指示的2/3位置。

（6）按泵的运转方向盘车几圈，确认灵活，无偏重、卡涩、对轮相碰等现象。

（7）改好泵进出口流程。

（8）关闭泵出口阀，缓慢打开泵入口阀，引物料灌泵，稍开泵出口放空阀，待泵内气体排净，液位充满后关闭放空阀。

（9）打开压力表阀，控制阀开度在压力表指针微摆动为准。

（10）检查灌液后泵密封状况是否良好。

（11）联系电工送电。

投运冷凝水输送泵（以410-P-005泵为例）：

（1）由操作人员按电机启动按钮，启动泵运转。

（2）检查电机电流，当电流表指针降到额定值下，机泵运转的声音、振动等无异常，运转方向正确，密封无泄漏，出口压力稳定在正常值以上时，缓慢打开泵出口阀至操作所需。

（3）启动电机后，不要长时间关闭泵出口阀憋压运行。

（4）当启动泵后，发现异常现象应及时停泵，检查处理后，才能再启动运行。

作业要点：

（1）投运前的流程检查。

（2）管线阀门的气密性实验的确认，防止后续的跑冒滴漏现象的发生。

投运操作注意事项：

（1）提前检查冷凝水管线温度，确认换热器工作效果。

（2）开工过程中要做到“三加强”，即加强联系工作、加强对设备的检查、加强计量工作。

4. 常见故障及处理方法

冷凝水输送泵投运作业常见故障及处理方法见表1-10。

表1-10 冷凝水输送泵投运作业常见故障及处理方法

常见故障	原　　因	处理方法
泵不启动	电机故障或断电	修理电机或检查供电系统
	叶轮堵塞	清理
	泵咬死	修理泵
泵打不出液体	出口阀未打开或故障	打开出口阀或修理出口阀
	空气漏进吸入系统	检查吸入系统
	叶轮被异物堵塞	清理异物

续表

常见故障	原　　因	处理方法
泵出口流量和扬程不足	空气漏进吸入系统	检查吸入系统
	转数低	检查电机及电源
	净吸入压力不足	改善吸入条件
	机械缺陷，如耐磨环磨损等	修理或更换
	进、出口被异物堵塞	清理异物
	仪表故障	更换或修理
	泵反转	调整电机转向
开始运行正常但立即又不出液体	吸入空气	检查吸入槽液位
轴承过热	润滑油(脂)太少或变质	加油(脂)或更换油(脂)
	电机与泵对中不良	重新找正
	轴承损坏	更换轴承
	轴弯曲	修理或更换轴
	轴向力增加	检查原因，修理
电机过载	超速运转	检查电源
	泵内有异常接触	修理
	轴弯曲或对中不良	修理或更换轴，重新找正
	液体比重、黏度大	检查设计
	反转	调整电机转向
振动大	对中不良	重新找正
	轴弯曲	修理或更换轴
	基础固定不良	加固基础
	轴承损坏	更换轴承
	叶轮被异物堵塞	清理异物
	净吸入压头不足或储槽中液位低或吸入系统进入空气而产生气蚀	改善吸入条件，停泵，待液位上升后再启动泵，检查吸入系统

5. 拓展知识阅读推荐(至少推荐1篇)

《虹吸原理在离心泵的应用》，《小氮肥》2008年第07期，作者：葛晓宇。

项目三　冷凝水输送泵停泵作业(以410-P-005泵为例)

1. 工作任务(目的)

操作员工掌握冷凝水输送泵停泵作业中的操作要点。

2. 常用工具

现场工作记录本、红外线温度检测仪、防爆F扳手、防爆对讲机、防烫手套若干。

3. 停泵流程(以410-P-005泵为例)

正常停泵:

(1) 做好停泵的准备工作。

(2) 逐渐关闭泵的出口阀，直至全关。

(3) 当出口阀关闭后，按停泵按钮停泵。

(4) 停下的泵第一小时内，每半小时盘车一次，以后按正常的备用泵要求进行盘车。

(5) 停下的泵作备用时，如无泄漏现象，则入口阀不能关，按启动前的准备工作详细检查，确认泵达良好备用状态。

(6) 停下的泵需检修时，则应关入口阀，并详细检查与泵相关的系统的阀门是否关闭关严。

紧急停泵的处理:

(1) 发生如下事故应紧急停泵。

① 工艺操作故障要求。

② 泵出入口管线破裂，危及装置安全生产。

③ 泵轴承、联轴器严重损坏、振动超标。

④ 泵密封严重泄漏，危及装置安全生产。

⑤ 电机超温严重、停电、电源线圈线路烧坏或烧断。

⑥ 有严重影响机泵安全运行的其他异常情况。

(2) 紧急停泵步骤和处理

① 紧急按停电机按钮停泵。

② 迅速关闭泵出入口阀。

③ 根据工艺操作情况按正常的启动步骤启动备用泵。

④ 如备用泵因停电启动不了，联系有关岗位采取紧急措施，待来电后及时启动。

⑤ 按正常的停泵步骤处理停下的故障泵。

⑥ 联系处理。

4. 泵正常运行中的维护操作

(1) 严格遵守“机泵设备日常操作、维护、管理规定”。

(2) 严禁泵长时间抽空运转，发现抽空要立即调整处理，必要时停泵检查。

(3) 严禁在关入口阀的情况下启动泵，出口流量不能用泵入口阀控制，只能用出口阀调节。

(4) 严禁超温、超压、超载、反转运行。

(5) 经常检查泵出口压力、流量及电机电流是否稳定在允许的范围内，维持正常的操作指标。

(6) 经常检查泵和电机运转情况，轴承有无过热现象，机泵运行时振动和声音是否正常，联轴器螺丝是否松动。

(7) 经常检查机泵所属地脚螺栓、阀门、管线、压力表、温度计等附件是否松缺、损坏。

(8) 机泵运行时应严格执行以下规定。

① 滚动轴承温度不大于70℃。

② 电机温升小于50℃，电流不超过额定电流的95%。

③ 填料密封泄漏不超过10滴/分，机械密封不超过5滴/分。

(9)定期检查润滑油的油质、液位、油温，如发现润滑油乳化、变质应立即更换，液位低要及时加油，并做好记录。

(10) 发现漏点及附件缺损和其他异常情况要及时处理，不能及时处理的要及时上报。

(11) 故障泵检修结束的试运行。

① 按"启动前的准备工作"程序准备"。

② 按正常的"启动"步骤启动进行试运行，如果运行正常，可直接投运；停原运行泵；如果运行不正常，则需停下重新修理。

③ 做好故障泵的试运，检查，记录。

5. 运行维护

(1) 检查轴承温度，轴承温度不大于70℃。

(2) 检查泵体及管线有无泄漏，声音是否异常，管线伴热情况是否良好。

6. 常见故障及处理方法

冷凝水输送泵停泵作业常见故障及处理方法见表1-11。

表1-11　冷凝水输送泵停泵作业常见故障及处理方法

常见故障	原　因	处理方法
泵停不下	现场停止开关故障	检查供电系统
	配电室交流接触器粘连	检查供电系统
	泵出口单向阀故障	修理单向阀

7. 拓展知识阅读推荐(至少推荐1篇)

《离心泵关死点扬程的计算及修正》，《农业工程学报》2011年第09期，作者：刘厚林、吴贤芳、谈明高。

模块六　冷凝水罐、换热器的检查及操作

说明：罐区的换热器(410-E-001)采用的是列管式换热器，列管式换热器是以封闭在壳体中管束的壁面作为传热面的间壁式换热器。这种换热器结构较简单，操作可靠，可用各种结构材料(主要是金属材料)制造，能在高温、高压下使用，是目前应用最广的类型。换热器由壳体、传热管束、管板、折流板(挡板)和管箱等部件组成。壳体多为圆筒形，内部装有管束，管束两端固定在管板上。进行换热的冷热两种流体，一种在管内流动，称为管程流体；另一种在管外流动，称为壳程流体。为提高管外流体的传热分系数，通常在壳体内安装若干挡板。挡板可提高壳程流体速度，迫使流体按规定路程多次横向通过管束，增强流体湍流程度。换热管在管板上可按等边三角形或正方形排列。等边三角形排列较紧凑，管外流体湍动程度高，传热分系数大；正方形排列则管外清洗方便，适用于易结垢的流体。

流体每通过管束一次称为一个管程；每通过壳体一次称为一个壳程。为提高管内流体速度，可在两端管箱内设置隔板，将全部管子均分成若干组。这样流体每次只通过部分管子，因而在管束中往返多次，这称为多管程。同样，为提高管外流速，也可在壳体内安装纵向挡板，迫使流体多次通过壳体空间，称为多壳程。多管程与多壳程可配合应用。由于管内外流体的温度不同，因而换热器的壳体与管束的温度也不同。如果两温度相差很大，换热器内将产生很大热应力，导致管子弯曲、断裂，或从管板上拉脱。因此，当管束与壳体温度差超过50℃时，需采取适当补偿措施，以消除或减少热应力。

换热器(410-E-001)的主要参数见表1-12。

表1-12 换热器(410-E-001)的主要参数

名称	数量	操作介质		温度/℃				压力/MPa				规格型号	换热面积/m^2	主体材质
		壳程	管程	壳程		管程		壳程		管程				
				进口	出口	进口	出口	进口	出口	进口	出口			
冷凝水冷却器	1	循环水	冷凝水	33	43	140	90	0.3	0.2	0.4	0.3	AES400-2.5-15-3/25-4I	15.6	Q345R、10#

项目一 冷凝水罐、换热器的检查

1. 工作任务(目的)

检查冷凝水罐、换热器无跑冒滴漏现象，检查冷凝水罐、换热器附件工作是否正常。

2. 常用工具

现场工作记录本、红外线温度检测仪、防爆F扳手、防爆对讲机、防烫手套等。

3. 检查流程

检查前准备：

(1) 穿戴劳保服装、防护用品，主要包括穿着防静电服、佩戴安全帽、脚穿劳保鞋、佩戴正压式空气呼吸器、佩戴硫化氢报警仪、佩戴防烫手套。

(2) 检查前检查项目、方法、步骤及重点。

操作规范步骤：

(1) 从中控室视频监控观察现场无泄漏情况发生。

(2) 穿戴劳保及防护用品检查冷凝水罐、换热器。

(3) 检查冷凝水罐、换热器振动情况、裂纹、鼓包、锈蚀等情况，无跑、冒、滴、漏现象发生。

(4) 检查温度仪表，无泄漏，指示准确。

(5) 检查压力仪表，无泄漏，指示准确。

(6) 检查接地，接地螺栓齐全，连接无松动。

检查要点或质量标准：

冷凝水罐、换热器检查项目及标准见表1-13。

表 1-13　冷凝水罐、换热器检查项目及标准

序号	识别项目	标准	主要危害及后果
1	换热器	无泄漏、无堵塞，冷凝水降温效果正常	发生泄漏、堵塞，影响冷凝水降温效果
2	温度计	选型正确，鉴定期内，精度、量程合适，指示正确	温度指示不准确，严重时超温，影响设备运行安全，造成设备损坏
3	玻璃板液位计	读数清晰、直观、可靠，密封性完好，无泄漏	不能提供准确的液位，易造成人员误操作，导致低液位联锁保护
4	液位变送器	适合容器内液体介质的液位、界面的测量，指示机构与被测介质完全隔离，密封性好，可靠性高，使用安全	不能提供准确数据，导致罐内冷凝水抽空或冒罐，损坏水泵或罐体
5	扶梯、护栏	牢固、基础完整、无严重裂纹变形，紧固，螺栓完好，无锈蚀	高空坠落
6	接地	接地连接无松动，接地电阻<4Ω	接地不良或电阻超差，会发生人员触电事故，或者烧毁现场仪器仪表
7	基础支承支座	牢固，齐全，基础完整，无严重裂纹，无不均匀下沉，紧固螺栓完好	严重时，造成设备倒塌，泄漏
8	保温层	无开裂脱落	进入雨水，设备锈蚀减薄，坠落伤人

安全注意事项：

（1）进入涉硫区域巡检时，穿戴好防护用品。

（2）因罐区的管线沿地面敷设，进入罐区应注意脚下，防止滑倒跌伤。

（3）检查冷凝水罐、换热器及其附件时，注意避免烫伤。

4. 应急事故预防与处置

冷凝水罐、换热器泄漏事故处理

（1）事故现象。

内操——中控室视频监控观察到有大量水泄漏。

外操——冷凝水罐、换热器泄漏处有大量冷凝水喷出。

（2）事故原因：内操视频监控不紧，外操现场巡检不到位。

（3）事故处理。

外操——迅速隔离泄漏点。

外操——现场泄压，联系维保单位维修泄漏点。

5. 拓展知识阅读推荐(至少推荐 1 篇)

《化工原理》(第二版)，李凤华、于士君，2010 年 07 月，大连理工大学出版社。

项目二　冷凝水罐、换热器投运作业

1. 工作任务(目的)

操作员工掌握冷凝水罐、换热器投运作业中的操作要点。

2. 常用工具

现场工作记录本、红外线温度检测仪、防爆F扳手、防爆对讲机、防烫手套若干。

3. 投运流程

操作原则：

(1) 投用时先投循环水，后投凝结水。

(2) 切除时先切除凝结水，后切除循环水。

(3) 切换中切忌单程受热和憋压。

换热器 E-001 的投用：

(1) 首先检查换热器的出入口仪表、法兰、阀门等部位，确保无问题。

(2) 打开换热器管、壳程的排空阀，将存液排干净后关闭。

(3) 稍开循环水的入口阀，稍开循环水出口高点排气阀，开始见水后，关闭排气阀，开出口阀。

(4) 缓慢开循环水入口阀，同时缓慢关循环水副线阀，直至副线阀全关。

(5) 稍开凝结水的入口阀，稍开凝结水出口高点排气阀，开始见凝结水后，关闭排气阀，开出口阀。

(6) 缓慢开凝结水入口阀，关凝结水副线阀，直至副线阀全关。

(7) 全面检查换热器的泄漏、振动、温度，确认投用正常。

换热器的切除：

(1) 缓慢关凝结水入口阀，同时缓慢开凝结水副线阀，直至入口阀全关。

(2) 全开凝结水副线阀，全关凝结水出入口阀。

(3) 开循环水的副线阀，关循环水的入口阀、出口阀。

(4) 放净换热器内剩水。

投运操作注意事项：

(1) 冷换设备操作时要避免碰伤和烫伤。

(2) 正确的操作能防止设备憋压或泄漏。

4. 常见故障及处理方法

停循环水事故处理如下所示。

(1) 事故现象。

内操——循环冷水流量显示为零。

内操——冷凝水收集罐进口温度升高。

外操——冷凝水收集罐温度升高。

(2) 事故原因：循环水场循环水泵故障。

(3) 事故处理。

内操——联系调度，送出罐区冷凝水，维持罐区正常存储温度。

(4) 事故处理退守状态。

事故处理按“退守状态 1”进行操作。

5. 拓展知识阅读推荐(至少推荐1篇)

《GB151—2014 管壳式换热器》(2014 版)，《热交换器》，国家标准。

模块七　常用防护用品的检查及使用

说明：正压式空气呼吸器和硫化氢报警仪作为涉硫场所最主要的防护用品，在元坝净化厂实际生产作业中起到至关重要的作用。本模块主要介绍上述两种防护用品使用前检查、佩戴操作以及注意安全事项。

项目一　正压式空气呼吸器

1. 工作任务(目的)

检查正压式空气呼吸器的气瓶、面罩以及其他附件是否齐全完好；正确佩戴正压式空气呼吸器。

2. 使用前检查

(1) 打开空气瓶开关，气瓶内的储存压力一般为25MPa到30MPa，随着管路、减压系统中压力的上升，会听到余压报警器报警。

(2) 关闭气瓶阀，观察压力表的读数变化，在5分钟内，压力表读数下降应不超过2MPa，表明供气管系高压气密性好。否则，应检查各接头部位的气密性。

(3) 通过供给阀的杠杆，轻轻按动供给阀膜片组，使管路中的空气缓慢地排出，当压力下降至4~6MPa时，余压报警器应发出报警声音，并且连续响到压力表指示值接近零时。否则，就要重新校验报警器。

(4) 压力表有无损坏，它的连接是否牢固。

(5) 中压导管是否老化，有无裂痕，有无漏气处，它和供给阀、快速接头、减压器的连接是否牢固，有无损坏。

(6) 供给阀的动作是否灵活，是否缺件，它和中压导管的连接是否牢固，是否损坏。供给阀和呼气阀是否匹配。带上空气呼吸器，打开气瓶开关，按压供给阀杠杆使其处于工作状态。在吸气时，供给阀应供气，有明显的“咝咝”响声。在呼气或屏气时，供给阀停止供气，没有“咝咝”响声，说明匹配良好。如果在呼气或屏气时供给阀仍然供气，可以听到“咝咝”声，说明不匹配，应校验正型式空气呼气阀的通气阻力，或调换全面罩，使其达到匹配要求。

(7) 检查全面罩的镜片、系带、环状密封、呼气阀、吸气阀是否完好，有无缺件和供给阀的连接位置是否正确，连接是否牢固。全面罩的镜片及其他部分要清洁、明亮和无污物。检查全面罩与面部贴合是否良好并气密，方法是：关闭空气瓶开关，深吸数次，将空气呼吸器管路系统的余留气体吸尽。全面罩内保持负压，在大气压作用下全面罩应向人体面部移动，感觉呼吸困难，证明全面罩和呼气阀有良好的气密性。

(8) 空气瓶的固定是否牢固，它和减压器连接是否牢固、气密。背带、腰带是否完好，有无断裂处等。

3. 佩戴规范步骤

(1) 佩戴时，先将快速接头断开(以防在佩戴时损坏全面罩)，然后将背托在人体背部(空气瓶开关在下方)，根据身材调节好肩带、腰带并系紧，以合身、牢靠、舒适为宜。

(2) 把全面罩上的长系带套在脖子上，使用前全面罩置于胸前，以便随时佩戴，然后将快速接头接好。

(3) 将供给阀的转换开关置于关闭位置，打开空气瓶开关。

(4) 戴好全面罩(可不用系带)进行2~3次深呼吸，应感觉舒畅。屏气或呼气时，供给阀应停止供气，无"咝咝"的响声。用手按压供给阀的杠杆，检查其开启或关闭是否灵活。一切正常时，将全面罩系带收紧，收紧程度以既要保证气密又感觉舒适、无明显的压痛为宜。

(5) 撤离现场到达安全处所后，将全面罩系带卡子松开，摘下全面罩。

(6) 关闭气瓶开关，打开供给阀，拔开快速接头，从身上卸下呼吸器。

4. 检查要点或质量标准

(1) 减压器—500C(见图1-1、图1-2)。

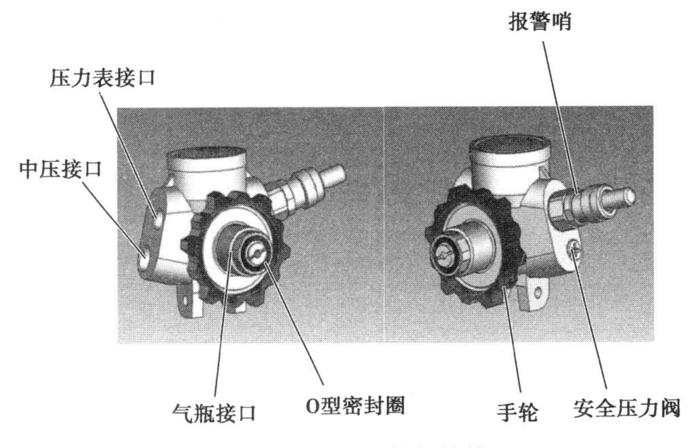

图1-1 减压器外部结构

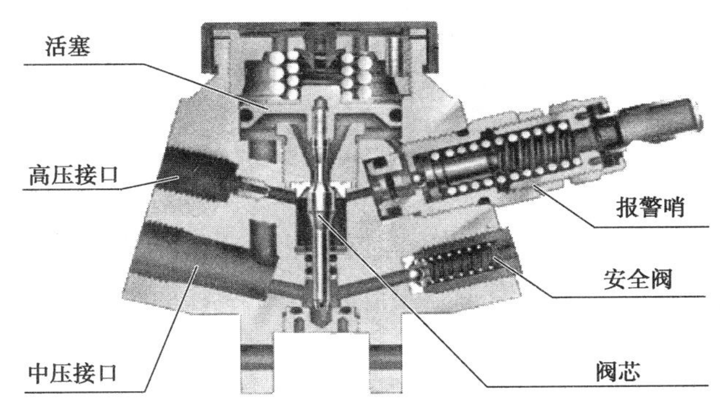

图1-2 减压器剖面图

① 输出压力7×10^5帕。

② 报警压力$50\sim60\times10^5$帕。

③ 声响大于90分贝。

④ 安全阀打开压力$11\sim15\times10^5$帕。

⑤ 操作手轮可靠，不需专用工具。

⑥ 供气流量大于500升/分。

（2）减压器的动作。

① 当气瓶阀打开后，高压气流进入高压腔。

② 经喷嘴和阀芯后进入中压腔。

③ 无吸气时减压器工作状态(见图 1-3)：

a. 活塞被弹簧推动；b. 阀芯将高压腔密封住。

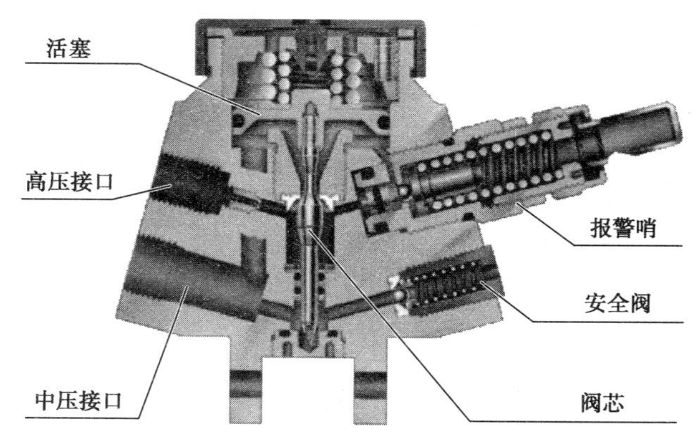

图 1-3　无吸气时减压器工作状态

④ 有吸气时减压器工作状态(见图 1-4)：

a. 中压下降；b. 活塞推动阀芯向下；c. 高压气流又能流动。

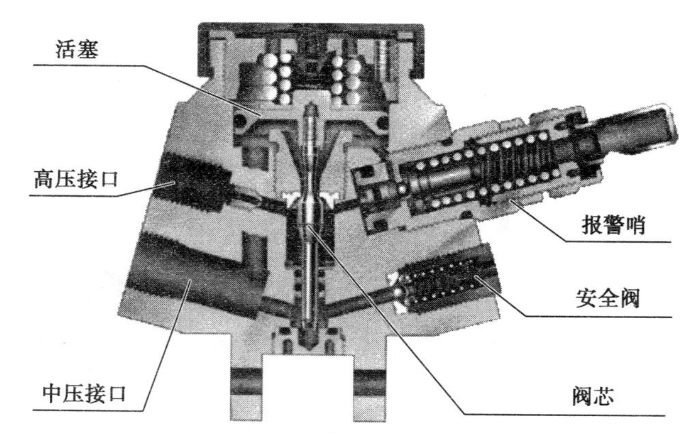

图 1-4　有吸气时减压器工作状态

5. 维护保养

(1)减压器的维护(见图 1-5)。

① 中高压管旋紧力矩 20Nm。

② 报警压力可调。

③ 不得自行调整输出中压。

④ 每年更换 O 型圈 11 * 2.5。

⑤ 每 6 年全性能检测。

⑥ 清洗时不得浸在水中。

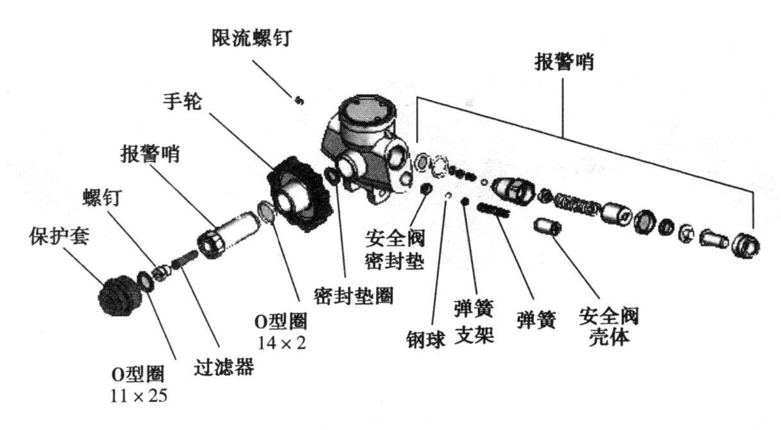

图 1-5　减压器的维护

(2)供气阀的维护(见图 1-6)。

① 每年检查泄漏情况。

② 每年检查关闭压力。

③ 每年检查膜片。

④ 每 3 年更换膜片。

⑤ 每次使用后清洗消毒。

⑥ 不得浸泡在水中。

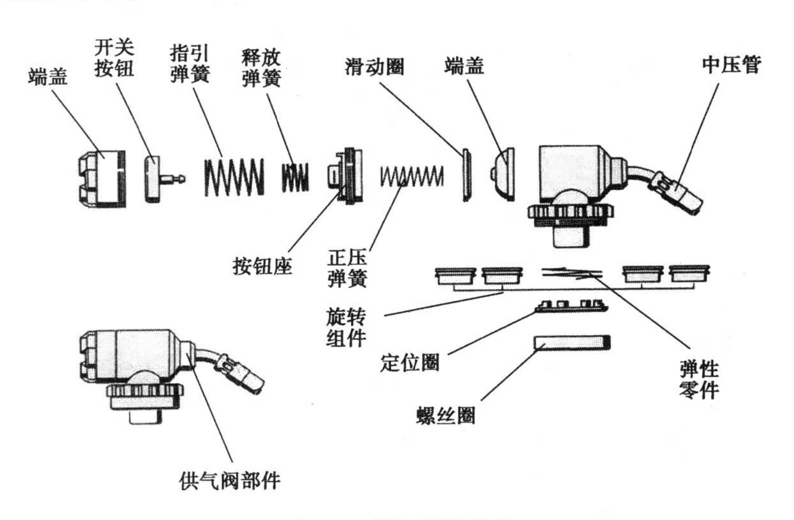

图 1-6　供气阀的维护

(3) 更换膜片的步骤(见图 1-7)。

(4) 面罩的维护保养(见图 1-8)。

① 每次使用后清洗消毒。

② 每年检查外观和功能性检查。

③ 每年的气密性检查。

④ 第 3 年更换呼气阀片。

⑤ 每 3 年更换密封圈。

⑥ 每 6 年更换语言振动膜片。

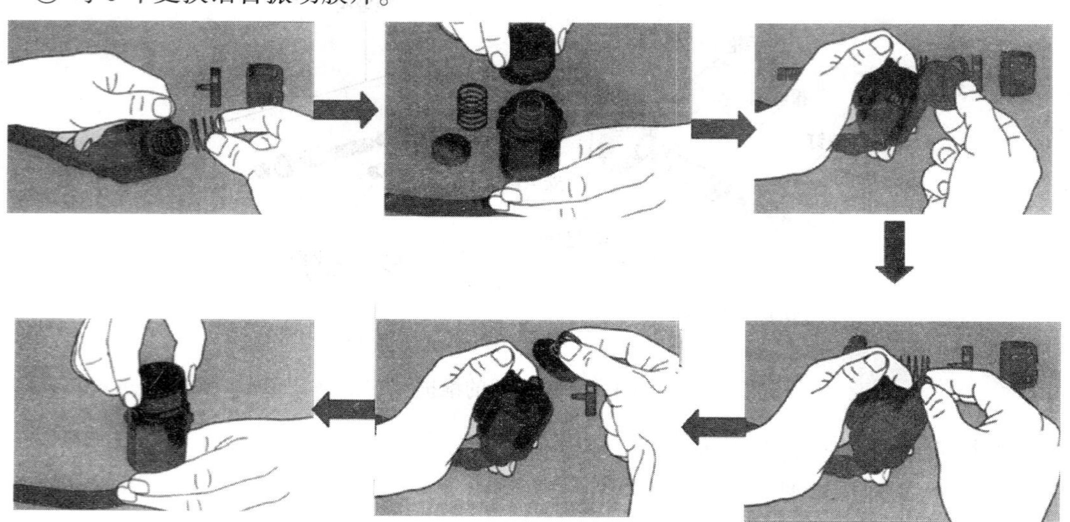

图 1-7　更换膜片

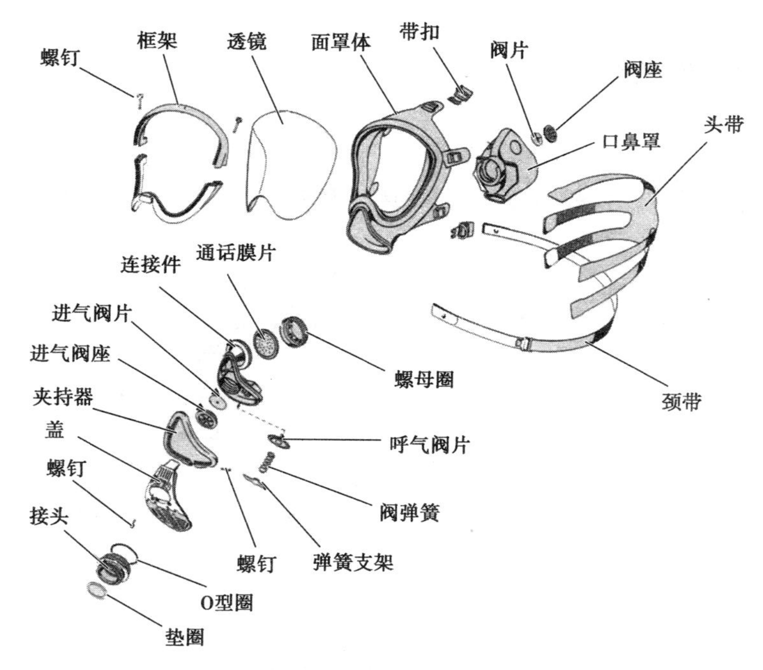

图 1-8　面罩的维护保养

（5）气瓶和瓶阀的维护保养（见图 1-9）。

① 每 3 年气瓶的法定签定。

② 每 3 年更换所有橡胶密封圈。

6. 关于使用时间

以 6.8 升碳纤瓶计算：

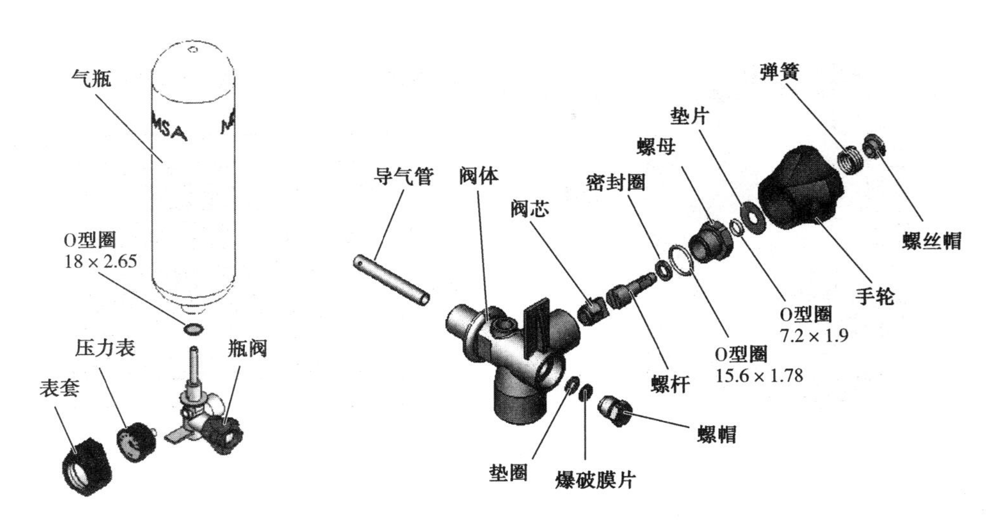

图 1-9 气瓶和瓶阀的维护保养

从满瓶(30MPa)使用到报警声响(5.5MPa)的使用时间：6.8×(300×0.9−55)/40=36.55分钟。

其中：0.9 为 30MPa 时的压力系数；40 为每分钟的耗气量。

从报警声响 5.5MPa 使用到 0.5MPa 的使用时间：6.8×(55−5)/(40+4.5)=7.6 分钟。

其中：5 为供气阀的最小使用压力；40 为每分钟的耗气量；4.5 为报警哨的耗气量。

影响使用时间的因素：

(1) 使用者的肺活量。

(2) 工作强度。

(3) 工作环境。

(4) 心理因素。

7. 安全注意事项

(1) 本呼吸器不得作为水下作业用。

(2) 不得充装不在检测期内的气瓶。

(3) 必须充装合乎要求的空气。

(4) 使用前必须经过培训。

8. 拓展知识阅读推荐(至少推荐1篇)

《TSG R0006-2014 气瓶安全技术监察规程》《安全规程》。

项目二 硫化氢报警仪

1. 工作任务(目的)

检查硫化氢报警仪工作是否正常；正确佩戴硫化氢报警仪。

2. 硫化氢报警仪的检查和启动

图 1-10 为 Altair pro(天鹰)硫化氢检测报警仪外观及显示。

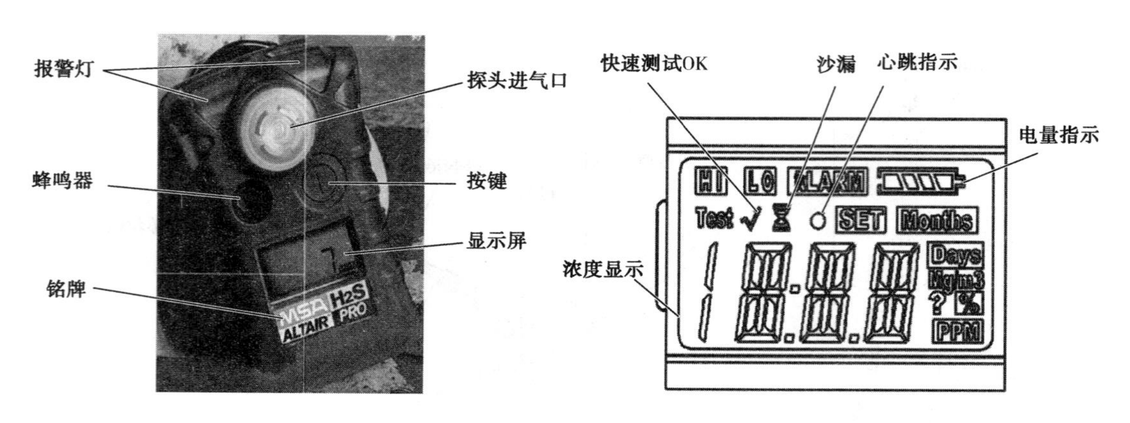

图 1-10　Altair pro(天鹰)硫化氢检测报警仪外观及显示

(1) 在启动前改变报警设定点。

① 按“Test”(测试)键一次，显示“Test”，在大约一秒钟后，所有的字段和 LED 指示灯启动声报警，LED 灯和震动报警也都启动，软件版本号显示 3 秒钟(一氧化碳，硫化氢和氧气型号)。

② 报警设定点显示：低报警设定点显示 3 秒钟，LO 和 ALARM 图标亮出。

a. 如要改变低报警设定点，在“LO”“ALARM”图标出现后按“TEST”(测试)键，“LO”“ALARM”“SET”“?”显示。

b. 按住 TEST 键增加低报警值。

c. 一旦正确的值显示，松开 TEST 键，等待 3 秒钟后继续。

③ 高报警设定点显示 3 秒钟，HI 和 ALARM 图标亮出。

a. 如要改变高报警设定点，在“HI”“ALARM”图标出现后按“TEST”，(测试)键，“HI”“ALARM”“SET”“?”显示。

b. 按住 TEST 键增加高报警值。

c. 一旦正确的值显示，松开 TEST 键，等待 3 秒钟后继续。

④ 等待 3 秒钟，仪表再次关机。

报警点的设置程序见图 1-11。

(2) 开机。

开机程序见图 1-12。

(3) 记录察看及删除。

记录察看及删除程序见图 1-13。

(4)快速标定测试。

快速标定测试程序见图 1-14。

(5) 标定。

标定程序见图 1-15。

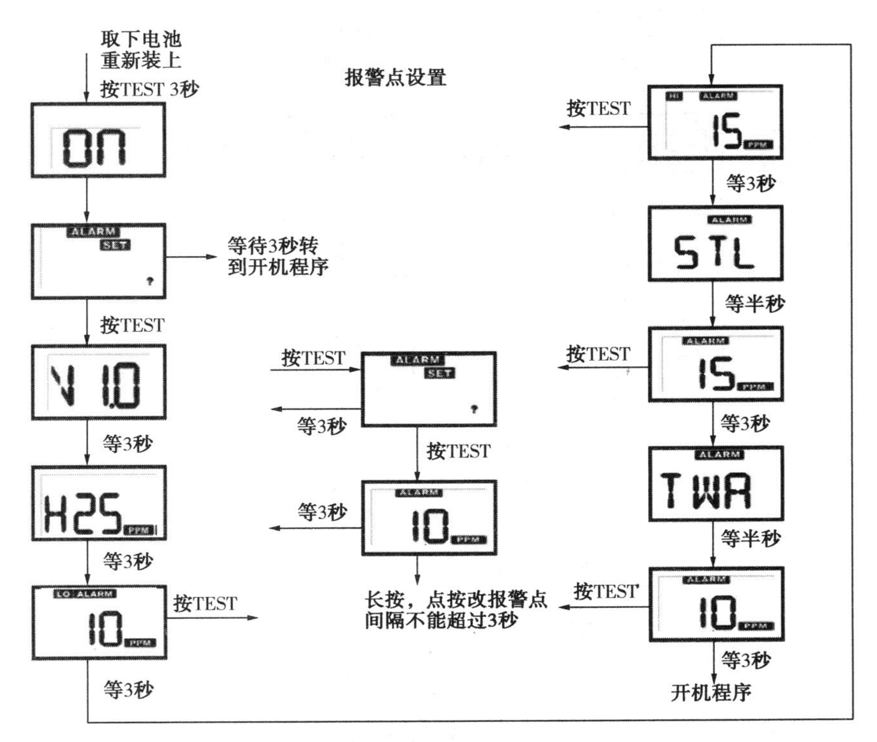

图 1-11 报警点的设置

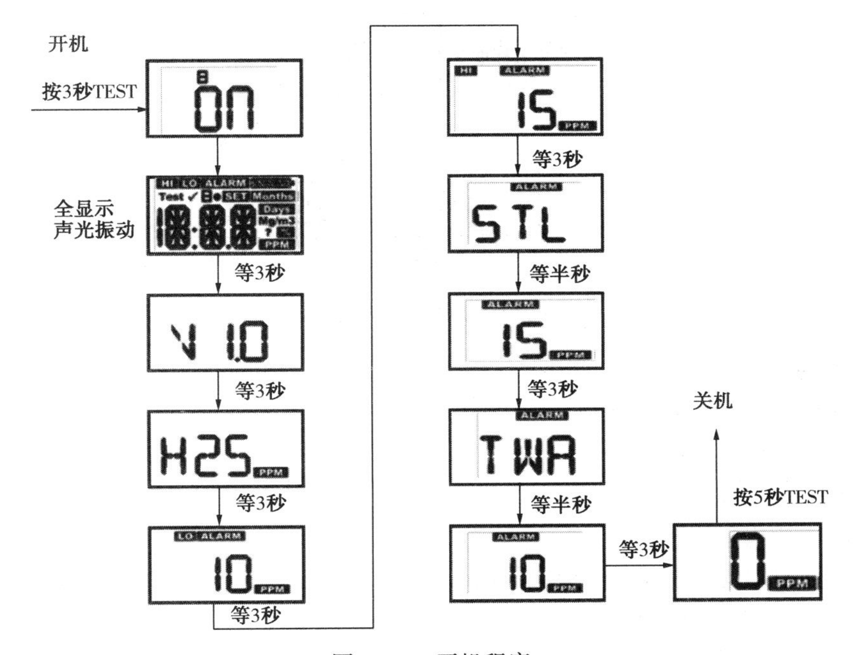

图 1-12 开机程序

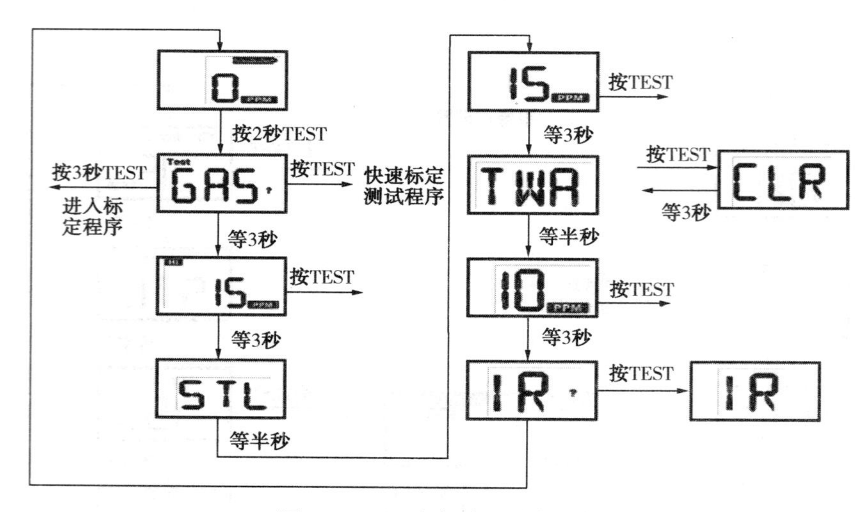

图 1-13 记录察看及删除程序

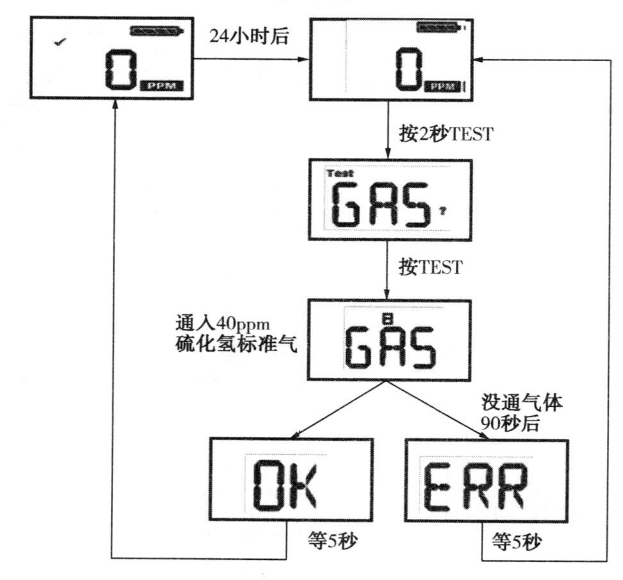

图 1-14 快速标定测试程序

3. 注意事项

(1) 只能检测空气中的硫化氢。

(2) 每次使用前检查报警功能。

(3) 不能使用压缩空气清洁探头。

(4) 电池欠压报警时不许使用仪表。

(5) 仪表报警时必须立即撤离所在场所。

(6) 只能使用 MSA 的配件。

(7) 电池必须是 CR2 型锂电池(不可以充电)。

(8) 爱护仪表，轻拿轻放。

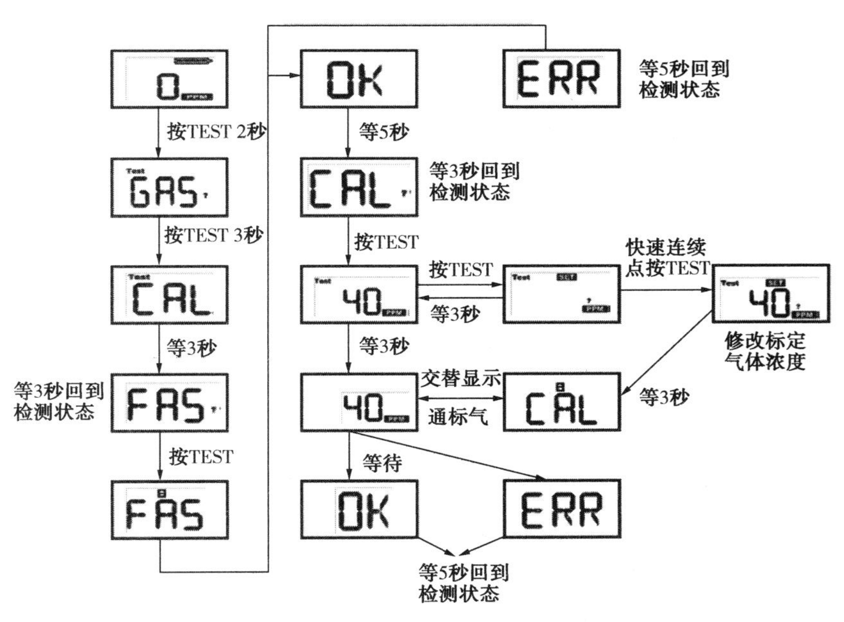

图 1-15 标定程序

4. 维护保养

（1）保持仪表清洁。

（2）每次使用前用标准气体快速测试仪表。

（3）仪表应存放在干燥清洁的环境中。

（4）室温存放。

（5）每年检测一次。

（6）两年换探头。

5. 仪表的各种报警状态

仪表的报警及显示状态见表 1-14。

表 1-14 仪表的报警及显示状态

报警名称	报警描述	仪表显示	复位模式	备 注
低报警 10PPM	声光震动	LO ALARM 闪烁	自动复位	如果显示持续超过低报警点，按 TEST 报警声停止 5 秒，然后再响起
高报警 15PPM	声光震动	HI ALARM 闪烁	手动复位	如果显示持续超过高报警点，按 TEST 报警声停止 5 秒，然后再响起
STEL 报警 15PPM	声光震动	LO ALARM 闪烁	自动复位	如果显示持续超过低报警点，按 TEST 报警声停止 5 秒，然后再响起
TWA 报警 10PPM	声光震动	LO ALARM 闪烁	不可复位关机	如果显示持续超过低报警点，按 TEST 报警声停止 5 秒，然后再响起
欠电报警	声光 30 秒一次	电池图标边框闪烁		不能使用仪表
故障报警	声光震动			送修

6. 拓展知识阅读推荐(至少推荐 1 篇)

《各种有毒有害气体允许排放标准的计算基础及应用》，作者：涂惠宾，《河南师范大学学报(自然科学版)》1988 年 01 期。

第二单元　中控室操作

模块一　中控室礼仪要点

中国是礼仪大国，有几千年的文明礼仪史。孔子说："不学礼，无以立。"中控室是硫黄储运车间核心信息处理单元，是各单元正常有序运行的保障。中控室人员在操作界面上可实现多单元操作，24 小时多单元数据监控，现场报修情况协调处理，迎接各项参观与检查等。礼仪是中控制室员工的必修课，掌握好礼仪要点，利于协调处理工作中的问题，展示车间美好形象。

项目一　仪表礼仪

仪表——第一印象的关键，仪表，也就是人的外表形象，包括仪容、服饰、姿态和风度，是一个人教养、性格内涵的外在表现。

讲究个人卫生、保持衣着整洁是仪表美的最基本要求。在日常生活中，只要有条件，就必须勤梳洗、讲卫生，尤其在工作场所务必穿戴整齐，精神振作。

1. 礼仪规范要求

中控室人员工穿戴中石化发放红色劳保工衣，脚穿劳保工鞋，保持着装清洁整齐。领口、袖口系好，使用文明用语，待人接物，面带微笑。

（1）仪容要干净、整洁、大方。

（2）不在公共场所挖鼻孔、剪指甲、掏耳朵、脱鞋子等。

（3）注视时，视线落在对方眼睛和嘴巴之间的三角区域内，注视时间 3~5 秒。

（4）与对方保持 1.5 米社交距离。

（5）谈活时语速适中，音调柔和，用词文雅。

（6）"站如松，坐如钟"，不抖动身体，不翘二郎腿，谈话过程中不用单指指向对方。

2. 男士礼仪

礼仪要点：

在职业场合，男士发型要前不覆额，侧不掩耳，后不及颈，头发干净。面部清洁，手部清洁，衣着干净整洁，没有异味。男士要散发出成熟、稳重的气质。

注意事项：

（1）男士留短发，不留胡须，及时修剪鼻毛，保持口气清新。

（2）面部清洁，待人接物始终保持职业性微笑。

（3）目光平视，视线柔和，注视时间 3~5 秒，不左顾右盼。

（4）站姿挺拔，双手自然下垂，放在身体两侧。

3. 女士礼仪

礼仪要点：

女士头发要勤于梳洗，发型要朴素大方，在工作场合要庄重沉稳，不可轻浮、随便。发型的选择要根据自然、大方、整洁、美观的原则，适合自己的年龄、职业、和脸型特点。

注意事项：

(1)女士长发束好盘起，短发梳理整齐，保持头发清洁，不化装。

(2)坐姿端正，抬头挺胸，目光温顺平和，嘴角略显笑意。

(3)站立时挺胸收腹，双手自然下垂，放在身体两侧。

(4)保持口腔清洁，表情柔和自然。

(5)定期修剪指甲并保持手部洁净，女性在工作场合不宜涂抹浓艳的指甲油。

项目二 岗位礼仪

1. 电话礼仪

在接听电话时你所代表的是硫黄储运车间而不是个人，所以不仅要语言文雅、音调适中，还要让对方能感受到你的微笑。

礼仪程序：

(1) 准备好《生产联络电话记录本》，在电话响起三声之内接起，提话柄后说："你好，硫黄储运车间，请讲，……"，同时做简明扼要的电话记录，包括来电时间、来电单位及联系人、通话内容等(见表2-1)。

表2-1 来电的记录内容

时间	来电单位	接电人	通话内容	备注
3月16日10：00	调度室	王 明	询问410-P-001液硫泵是否安装完毕	未安装

(2) 将来电内容向甲方班长汇报。

(3) 去电时，电话接通后，先自我介绍，后讲明故障部位，再询问接电人姓名。同时做简明扼要的电话记录，包括去电时间、去电单位及联系人、通话内容等(见表2-2)。

表2-2 去电的记录内容

时间	去电单位	受电人	通话内容	备注
3月21日8：40	长炼电气维护	张 云	410-P-001液硫泵试泵需测电流	电流29A

(4) 向甲方班长汇报去电内容。

注意事项：

(1) 使用普通话交流，谈话过程中避免使用方言，礼貌用语，语速适中，语调平和。

(2) 针对不同群体，使用不同的称呼方式，例如：对上级领导采用"职务性或职称性"称呼，"××厂长，××经理"；对单位人员采用"职业性称呼或姓名称呼"。"××工程师，××技术员，李文生"……

(3) 通话内容要主题清楚，简单易懂，措词严谨。

(4) 接电话时，应在响起三声之内接起，使用"你好，请讲，谢谢"等文明用语。

2. 迎送礼仪

礼仪程序：

（1）上级领导来访时，中控室人员应该主动从座位上站起来，抬头挺胸、面带微笑，面对检查团，“欢迎领导来硫黄储运车间视察指导工作！”中控内操人员一人继续监控操作界面，另一名员工面带微笑回答来访人员提出的问题，语速适中，声音清晰。

（2）上级领导离开时，中控室人员应送至控制室门口，“领导请慢走，欢迎下次来硫黄储运车间视察指导工作！”待来访人员离开中控室后，中控内操人员方可回位坐下，迎检期间始终面带微笑。

（3）长炼维保人员问询设备故障事项，准确地讲明故障情况，联系现场外操人员在原地等候检修人员。“现场仪表，LIC10201 故障，调节失灵，包装车间循环水箱处有人等候，请到现场检修。”

（4）检修作业需要办理动火、临时用电、进入受限空间等票据，由中控人员将维保人员带至甲方相关人员处办理。

（5）甲方相关人员问询工艺参数，日生产量，设备运行情况等，中控人员要一一回答，不能敷衍了事。

注意事项：

硫黄控制室来访人员很多，除上级领导参观检查外，长炼维保人员、化验室取样人员、甲方相关人员……因工作中接触时，迎送须注意以下几个方面：

（1）使用合适的称谓，保持 1.5 米的社交距离。

（2）抬头挺胸、面带微笑，目光注视对方面部三角区域。

（3）普通话交流，语言精练，易懂。

（4）谈话过程中不要提及无关工作的话题。

3. 拓展知识阅读推荐

书名：《职业礼仪》，丛书名：《中等职业教育规划教材》，标准书号：ISBN 978-7-115-30771-2[1]，作者：潘洁、郭宗娟。

模块二　报表填写

为便于资料检查及日后查询历史数据，中控单元配备了几项报表资料，包括：生产运行报表、交接班记录本、岗位练兵记录本、生产联络电话记录本。这几项资料是日常生产动态最直观、最真实的反映，是车间最基础性的、第一手资料。将报表填写精确、完善，利于车间其他工作的开展。

项目一　报表分类

中控室的报表按监控单元分为：成型单元、包装单元、界区公共单元、液硫罐区单元等四个单元的报表。

中控室的报表用途分为：生产报表，如生产运行报表、交接班记录本；生产辅助报表，如岗位练兵记录本、生产联络电话记录本。

包装单元记录数据：循环水箱液位、码垛机垛数。

1. DCS 监控数据报表

液硫罐区单元报表

中控室内操在 DCS 界面观测液硫罐区单元的设备运行情况，记录设备运行参数，在视频画面监控罐区单元有无异常情况。

罐区单元报表主要填写内容如图 2-1 所示。

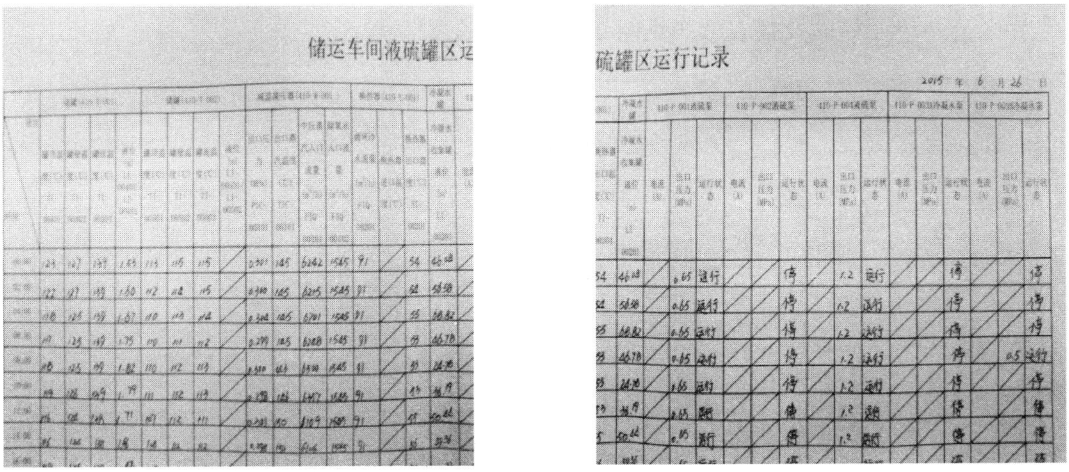

图 2-1　罐区单元报表

（1）液硫储罐 410-T-001、410-T-002 液位、温度。

（2）换热器 410-E-001 出口温度。

（3）凝结水罐 410-D-001 液位。

（4）液硫泵 410-P-001、410-P-002、410-P-004 运行状态、压力。

（5）减温减压器 410-M-001A/B 运行时中压蒸汽入口流量、除氧水入口流量、减温减压器出口温度、压力。

（6）罐区循环水流量。

成型单元报表：中控室内操在 DCS 界面观测成型单元的设备运行情况，记录设备运行参数，在视频画面监控成型机料仓，视频监控八台红外线热成像摄像机。脱膜剂是硫黄成型颗粒能否正常从钢带上下料的关键，因此脱膜剂箱液位是重点记录数据。

成型单元记录数据：脱膜剂箱液位。

包装单元报表：包装单元实现了固体硫黄颗粒定量称重、编织袋全自动包装、码垛机自动码垛、叉车下线入库等操作。一垛 2 吨，码垛数量是当天固体硫黄产量最直观的数据。

成型单元，给六台成型机钢带降温的循环冷却水经回水管线流到包装单元循环水箱，由离心泵外排到系统。循环水箱液位稳定，是循环冷却水正常投运的一个重要数据。

包装单元记录数据：循环水箱液位、码垛机垛数。

界区公共单元报表：界区公共单元是200单元公用介质的集中区域，是200单元生产、设备运行重要的保障，是内外操巡检的重要区域。

公共单元报表主要填写内容如下：

（1）低压蒸汽流量。

（2）循环水流量、温度、压力。

（3）氮气流量、温度、压力。

（4）仪表风流量、温度、压力。

（5）生产水流量、温度、压力。

（6）液硫进成型车间流量。

界区公共单元界面及报表形式见图2-2、图2-3。

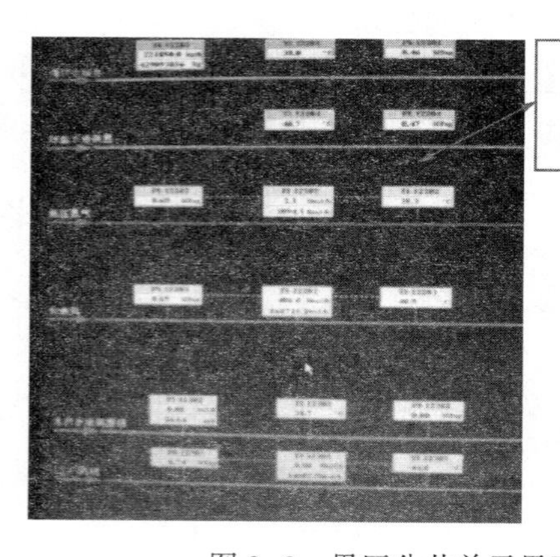

图2-2　界区公共单元界面

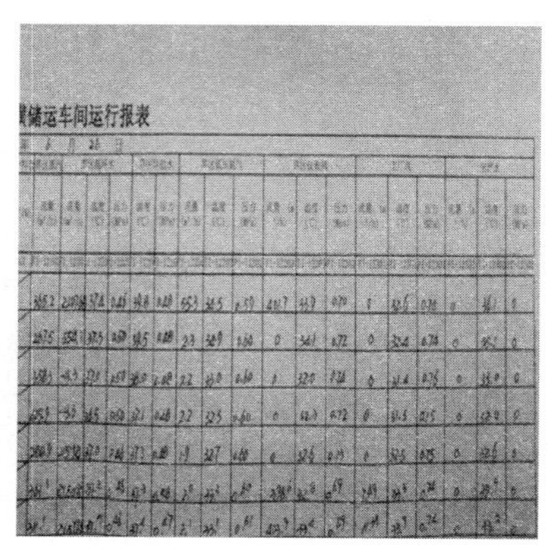

储运车间运行报表

图2-3　界区公共单元报表

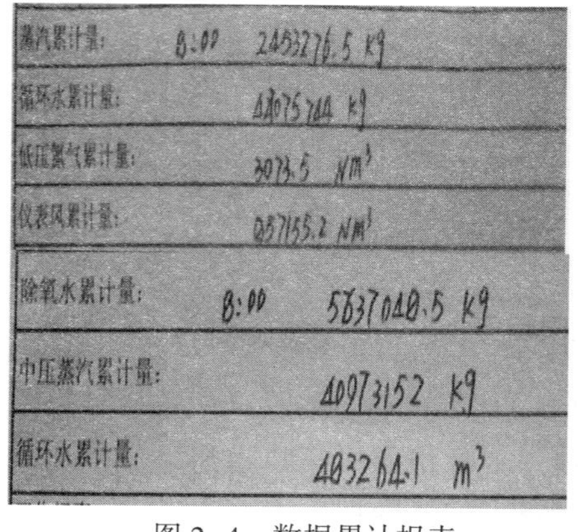

蒸汽累计量:	8:00	2453276.5 kg
循环水累计量:		44075744 kg
低压氮气累计量:		3073.5 Nm³
仪表风累计量:		857155.2 Nm³
除氧水累计量:	8:00	5637040.5 kg
中压蒸汽累计量:		40973152 kg
循环水累计量:		403264.1 m³

图2-4　数据累计报表

数据累计报表：当日报表填完后，在报表下方记录本班累计和全天累计数据（见图2-4）。

（1）中压蒸汽流量。

（2）除氧水流量。

（3）循环水流量。

（4）生产水流量。

2. 生产联络电话记录本

生产电话联络记录本主要记录硫黄车间来电和去电情况的资料台帐，将每个来电或去电的联络内容简明记录在本上，便于检查，核对当日检修信息，防止遗漏工作量。

（1）日期，去（来）电时间。

（2）去（来）电单位、受（接）电人、内容。

（3）备注。

3. 交接班记录本

交接班记录本（见图2-5）是当班生产最直观的反映。当班固体硫黄产量、设备运行情况，设备保修状况、甲方生产指令等等，均记录在交接班记录本上，接班人员可根据资料记录及时接班，节省交班时间，避免出现遗漏工作量。

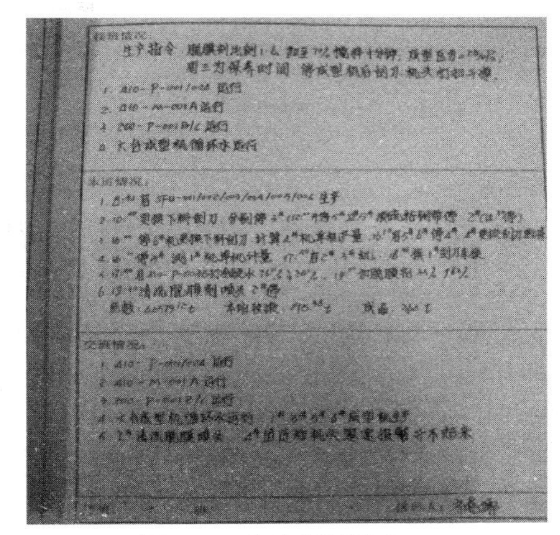

图 2-5 交接班记录本

(1) 接班情况。

接班时液硫储罐温度、液位，减温减压器温度、压力，循环水箱液位，脱膜剂液位。

(2) 当日生产指令。

每日晨会，甲方值班领导对当日生产的安排，如开几台成型机生产，液硫压力控制在多少，当日重点工作量等。

(3) 当班生产情况。

每班液硫罐液位，固体硫黄产量，设备保修情况，遗留工作量等信息均记录在当班生产情况里。

(4) 交班情况。

交班人员将重点生产情况记录在交班一栏，便于接班人员核对信息，快速组织生产。

4. 岗位练兵记录本

岗位操作法、安全应知应会、职业卫生知识都可作为岗位练兵的内容，仿宋字书写，每班练习一页。

项目二 中控岗报表填写规范

1. 填写时间

每两小时记录一次数据，记录时间为双数时间，如：0∶00，2∶00 等。

2. 填写规范

(1) 仿宋字填写。

(2) 书面整洁，严禁涂改。

(3) 整点记录，不能提前或推后。

(4) 数据真实准确。

3. 核对资料

中控岗有两名内操人员，一人填写资料报表，另一人注意核对报表数据，确保每个数据真实、准确。

4. 资料保存

(1) 生产运行记录报表，当日填完后，交由甲方班长保管。

(2) 岗位练兵记录本、交接班记录本交乙方技术员保管。

(3) 生产联络电话记录本交由甲方技术员保管。

模块三 设备保修流程

硫黄储运车间有四个单元：成型单元、包装单元、410 单元、DCS 单元；运行设备有减温减压器、离心泵、成型机、包装机、码垛机……；仪器仪表有：压力调节、流量调节、温度调节、光电感应、联锁报警、红外线感应……。每日现场报修项目少则几项，多则十余项，如何快速完成保修工作，协调处理保修事项，是中控岗必备操作技能。

项目一　设备保修信息传递程序

1. 信息传递

信息传递程序

各单元通过报话机与中控室取得联系，汇报生产现场出现的故障情况、故障部位及需要携带工具器具等。

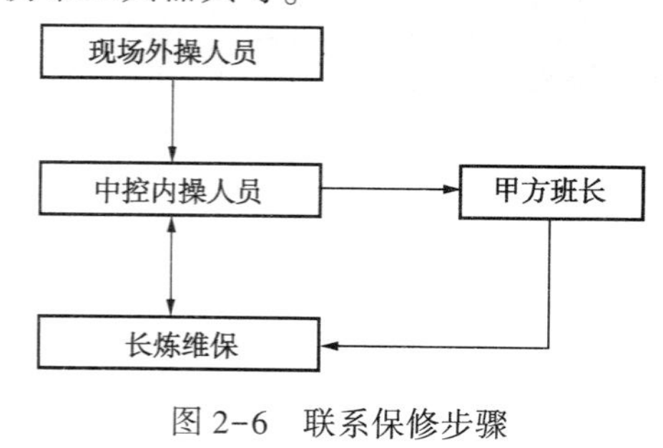

图 2-6　联系保修步骤

联系保修步骤(图 2-6)：

(1) 中控岗人员接到信息后，向甲方班长汇报故障点情况，需要携带工具、器具等。

(2) 中控人员联系长炼维保到车间检修，提示维保人员办理各种操作票据，携带相关工具。

(3) 维保人员来中控核实故障信息，由中控内操报话机联系外操人员后，维保人员赴现场处理故障。

信息传递要点：

信息准确，故障单元名称、故障位置、故障状况，是否有需要协调解决事项等要汇报清楚。

注意事项：

(1) 收到各单元上报保修信息时，中控内操人员一定要详细记录保修部位的名称，故障原因，需要修保人员携带何种工器具等，以便保修人员赶到现场后能马上开展工作，节约生产时间。

(2) 现场人员负责配合长炼人员操作，需要监护的操作项目，通知持有监护证人员，在现场监护。

(3) 现场和 DCS 岗核对检修信息，无误后分别做好记录。

2. 信息登记

信息反馈程序：

中控内操人员通过报话机联系现场外操人员，落实修理情况，设备运转情况，正常后请维保人员来中控核对信息，办理维修票据签字确认业务。

保修信息登记：

(1) 各单元外操人员，在《设备缺陷记录》上记录保修情况。

(2) 中控内操在岗位交接班记录本上，本班生产情况一栏记录去电时间、维修单位、生产故障内容。

(3) 生产电话联络记录本上记录电话时间、内容、受电人、备注等信息。

(4) 生产运行报表，生产情况一栏，记录报修情况，记录去电时间、维修单位、生产故障内容。

信息记录要点：

（1）数据真实、准确、及时。

（2）书写规范、整齐，无涂改现象。

（3）语言简练，能描述清楚保修情况。

注意事项：

（1）遵照程序，进行信息反馈。

（2）核实每一项保修任务完成情况，并对保修情况进行跟踪观察。

（3）中控人员向甲方班长汇报长炼检修情况。

（4）各班班长在交接班会议上通报当日生产报修情况。

项目二　保修流程

1. 保修票据办理

办理程序：

（1）需要停电、送电部位，办理停、送电票据。

（2）需要动火时，临时用电，进入受限空间等，维保人员须到甲方安全员处办理相关安全票据。无票据不得进行施工作业。

（3）密闭空间作业，先请示调度，再联系化验人员测试氧含量、粉尘含量等。化验结果出来，符合作业条件方可施工。

（4）保修结束后，找甲方相关人员确认签字。

图 2-7、图 2-8 分别为仪表作业票据和送电联系工作票据。

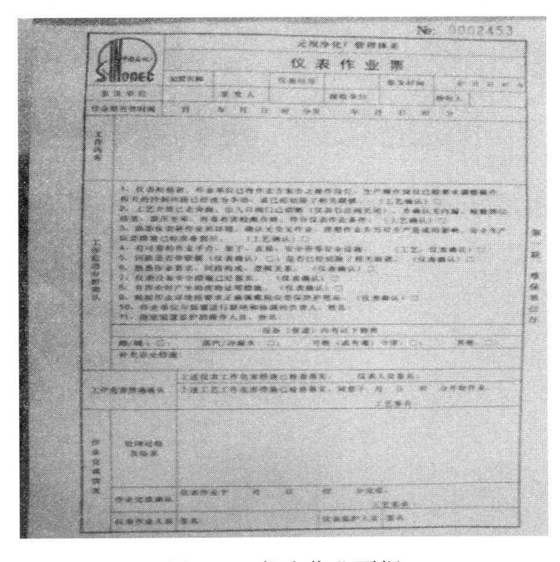

仪表作业票

图 2-7　仪表作业票据

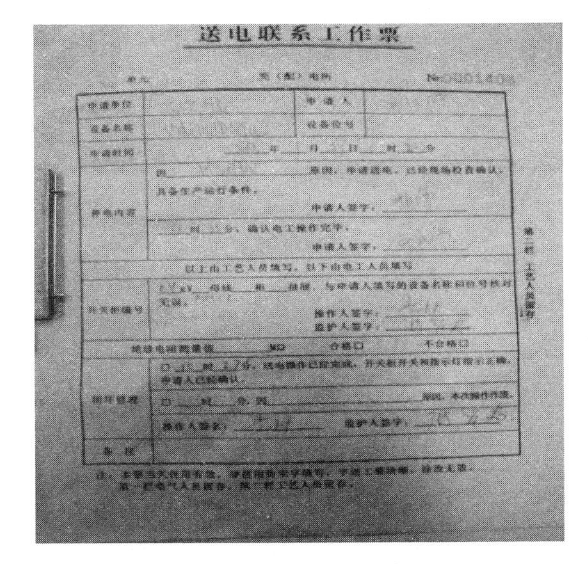

送电联系工作票

图 2-8　送电联系：工作票据

保修票据保存：

（1）现场设备检修要办理的停、送电票，由中控人员到 200 单元机柜间现场办理。票据红色一联，由中控人员用专用文件夹保存。

（2）其他票据，如动火票、高处作业票等由甲方安全员负责签字办理，由甲方安全员保存。

保修票据办理要点：

（1）中控人员仅限于办理200单元设备停电、送电票。

（2）由甲方相关人员办理并签字的票据，中控人员不得越权签字，只需要将保修人员带至甲方相关人员处。

（3）办理停、送电票向甲方班长汇报后再去办理，票据办理结束后交由甲方班长审核后再保存。

注意事项：

中控人员切记权限，不得越权办理各种票据，所有检修作业必须向甲方班长汇报。

2. 现场保修

工作任务：

收到中控指令，现场外操配合长炼检修作业，需要监护的作业，由持有监护证人员做好监护工作。

现场保修操作程序：

（1）维保人员办理好各种作业票据后方可进行保修作业。

（2）维保人员去现场检修设备或调整仪器仪表，内外操人员保持联系，有问题及时协调处理。

（3）保修任务结束后，外操人员向中控反馈保修信息。

安全注意事项

（1）现场监护人员持证在场等候，作业期间旁站监护。

（2）动火、受限空间作业、临时用电作业、高处作业等时，甲方安全员检查各类票据、手续齐全后方可开始作业。

（3）作业前进行危害识别，由甲方安全员进行安全提示。

（4）作业期间严禁无关人员进入作业场所。

3. 保修结果跟踪

设备或仪器仪表检修结束后，中控人员在本班工作时间内跟踪检修效果，如果出现重复报修情况，将上次保修信息交待给维保人员，利于维修人员制定新措施进行修理，避免出现重复性结果。

项目三　保修资料录入

1. 现场资料录入

准备工作：设备缺陷修记录本、纸、笔。

录入数据：设备或仪器仪表检修结束后，现场外操人员在设备保修记录本上，记录维修情况。内容包括：检修部位、处理办法、检修人员签字、跟踪观察情况(见图2-9)。

数据录入要点：

（1）检修结束后，及时登录检修信息，不遗漏。

（2）仿宋字填写，简明扼要、准确、易于理解。

注意事项：检修部位、故障信息要准确，仪器仪表位号正确。

2. 控制室资料登记

准备资料：交接班记录本、生产电话联络记录本、生产运行日报表。

操作程序：

（1）接到现场检修信息，向甲方班长汇报，在生产电话联络记录本上记录去电时间、去电单位、去电内容、受理人，保修结束后在备注一栏记录是否检修好。

（2）在交接班记录本本班生产情况一栏内记录去电时间、去电单位、去电内容信息。

（3）检修完成后，中控内操根据外操反馈信息，在生产运行日报表本班工作一栏，记录长炼维保检修时间，故障内容。

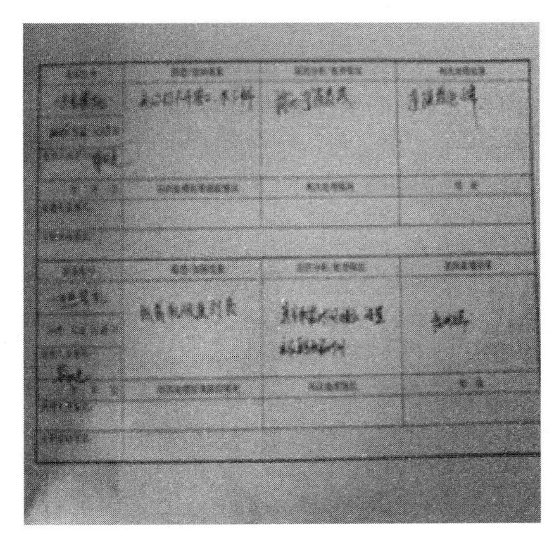

图 2-9 保修资料录入表格

数据录入要点：

数据真实、仿宋字填写，工整无涂改，不遗漏任何一项工作量。

注意事项：

（1）所有信息均在核实无误后登记，信息内容真实，不遗漏任何一条检修信息。

（2）落实好维修情况，做好跟踪观察。

3. 保修数据交接

交班：交接保修时间、地点、设备名称、保修单位、保修结果、遗留事项等。

接班：已检修设备的检查、确认，保修效果继续跟踪。

模块四 液硫管网的压力操作

液硫自罐区经液硫泵加压输送到200单元界区，经双通道过滤器进入六台成型机造料，液硫压力大小是硫黄成型的关键因素，或大或小都将影响硫黄成型颗粒的大小。调整好液硫进成型机压力，是生产2.4~4.4mm硫黄颗粒的主要任务。

项目一 液硫管网压力调节准备工作

1. 调节前准备工作

工作任务：中控内操在DCS界面，点击液硫界区流量调节阀，将界面调出。

操作流程：

（1）准备工作。

中控人员准备好操作界面；成型外操人员准备好工具检查仪表、设备；200单元界面平台，一名外操人员原地待命。

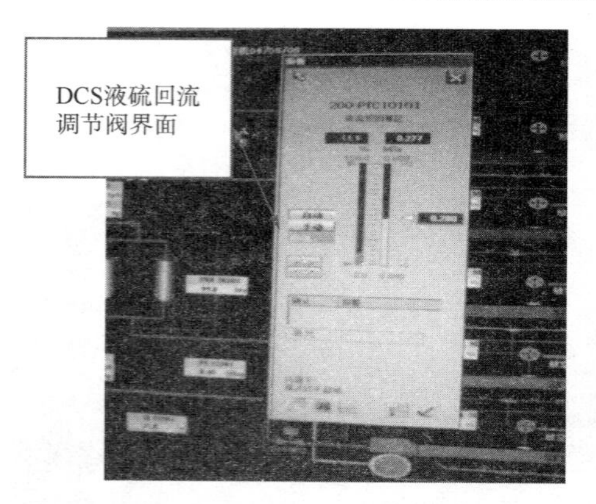

图 2-10　液硫管网压力调节 DCS 界面

（2）规范操作。

① DCS 界面，中控内操点击液硫界区流量调节阀，将界面调出(见图 2-10)。

② 成型岗外操人员检查六台成型机液硫供应阀开关状态、双通道过滤器运行状况，蒸汽伴热是否正常，仪表显示是否和中控界面一致。

③ 200 单元界区平台一名外操人员待命，向中控室汇报压力，做应急准备。

操作标准：

中控内操、成型外操、界区平台外操，检查好设备、仪表、流程，做好调整前的准备工作。

安全注意事项：

（1）中控人员在 DCS 界面认真检查，确认仪表正常，界面具备远程调整液硫压力条件。

（2）成型外操人员，在现场检查设备，流程正确，液硫调整过程安全，不会出现憋压、渗漏现象。

（3）200 单元界区外操人员，必须认真观察液硫压力，检查确认流程。

应急处置办法：

（1）成型外操人员发现成型设备、流程存在渗漏点，应立即向中控汇报，中控内操应联系长炼静设备检修。

（2）成型外操人员发现蒸汽伴热存在问题，应立即向中控汇报，中控内操应联系长炼静设备检修。

（3）成型外操人员发现双通道过滤器存在渗漏点，应立即向中控汇报，中控内操应联系长炼静设备检修。

（4）中控人员发现 DCS 数据与成型单元现场不一致，立即联系长炼现场仪表查找原因。

2. 调节前确认工作

工作任务：中控内操，成型外操，200 单元界区外操，完成液硫调整节准备工作，三方通过报话机确认，准备工作完成。

工作程序：

（1）成型检查流程，确认流程通畅，具备安全启运条件，向中控汇报，确认工作完毕。

（2）200 单元界区外操确认流程通畅，具备安全启运条件，向中控汇报，确认工作完毕。

（3）中控内操确认 DCS 界面具备调整条件，确认工作完毕。

项目二　压力调整操作程序

1. 升压操作

工作任务：中控内操在 DCS 平台打开液硫调节阀界面，压力 0.27MPa。

操作流程：

（1）准备工作。

中控室 DCS 操作平台，液硫调节阀操作界面。

(2) 操作程序。

① 中控人员打开 DCS 操作界面，液硫调节阀 100%，手动拖动指示三角块，减少调节阀开度，观察压力上升情况，压力接近 0.28MPa，切换为自动调整模式，系统自动将压力稳定在 0.28MPa。

② 与成型外操人员、200 单元界面人员核对压力，确认操作后流程正常。

③ 在 DCS 界面上观察，现场启动 200-SFU-001 后，界面成型机运行状态指示变为绿色，观察液硫压力是否恢复到 0.28MPa。压力恢复后，启动 200-SFU-002。依次类推，直至 200-SFU-006 启动，六台成型机全部正常启动，观察液硫压力是否为 0.28MPa。

操作标准：中控内操在 DCS 液硫调节阀界面，平稳升压至 0.28MPa。

安全注意事项：

(1) 检查流程，确保流程通畅，防止液硫憋压，瞬间压力超过 0.6MPa，双通道超压导致刺漏。

(2) 减小液硫压力调节阀开度时，要缓慢调整，注意压力变化，防止压力突然上升，对设备流程造成损坏。

(3) 内外操人员通过报话机保持联系，确保操作平稳。

应急处置办法：

(1) 液硫压力突然上升，压力超过 0.45MPa，阀位开到 100%，压力不降，向甲方班长汇报。中控内操立即联系成型外操人员核对压力，成型机停产，通知界区外操倒流程，使流硫从界区返回液硫储罐，通知罐区岗外操人员至罐区检查设备，联系长炼现场仪表查找原因。

(2) 液硫压力突然下降，压力低于 0.20MPa，阀位关小至全关 0%，压力不升，向甲方班长汇报。中控内操立即联系成型外操人员核对压力，成型机停产，通知界区外操倒流程，使流硫从界区返回液硫储罐，通知罐区岗外操人员至罐区检查设备，联系现场仪表查找原因。

(3) 液硫压力稳定在 0.28MPa，成型机硫黄颗粒太小或成片状，联系甲方技术人员，按甲方指令调整液硫针形阀开度，观察硫黄颗粒大小。如果颗粒还是异常，停成型机，中控联系长炼动设备、现场仪表查找原因。

2. 液硫降压操作

工作任务：中控内操在 DCS 平台打开液硫调节阀界面，将调节阀位开至 100%，压力 0.19MPa。

操作流程：

(1) 准备工作。

① 中控内操在 DCS 平台打开液硫调节阀界面。

② 成型岗人员检查设备、流程，做好停机停产准备。

③ 200 单元界区外操人员，向中控汇报压力，原地待命。

(2) 操作程序。

① 中控人员打开 DCS 界面，切换为手动调整模式，手动拖动指示三角块，增大调节阀开度，直至全开，阀位 100%，压力 0.19MPa。

② 中控内操与成型外操人员、200 单元界面人员核对压力，确认操作后流程正常。

③ 在 DCS 界面上观察，成型现场停运 200-SFU-001 后，界面成型机运行状态指示变为红色，每隔 5 分钟，依次停机，直至 200-SFU-006 停运，观察压力波动情况。

操作标准：中控内操在界面平稳调大液硫回流阀开度，阀位 100%，液硫稳定 0.19MPa 左右。

安全注意事项：

（1）两台成型机停机间隔 5 分钟，确保压力能自动调整过来，防止超压损坏设备。

（2）中控内操人员与成型外操人员保持联系，确保压力平稳。

（3）在压力调整的过程中，200 单元界区平台上，现场必须留一名外操人员待命，做应急准备。

应急处置办法：

（1）液硫压力突然上升，压力超过 0.40MPa，向甲方班长汇报，通知罐区岗外操人员至罐区检查设备，联系现场仪表查找原因。

（2）液硫压力突然下降，压力低于 0.15MPa，向甲方班长汇报，中控通知罐区岗外操人员至罐区检查设备，联系现场仪表查找原因。

模块五　红外火灾报警监控要点

成型厂房内设有火灾自动报警系统，当火灾自动报警系统受警时，报警点附近的摄像机自动摄取报警点图像，同时在中控室内监视器弹出信息。中控室内设火灾报警控制器 1 台，现场设有光电感烟探测器 31 个，手动报警按钮 6 只，防爆手动报警按钮 19 只，缆式线型感温探测器 800 米。

项目一　红外火灾报警原理

1. 摄像机位置

成型厂房内设 18 台红外线摄像机，均在中控室显示，能够全面监控现场设备运行状况，其中厂房二层固定式摄像机 9 台、带云台摄像机 1 台，厂房一层带云台摄像机 2 台，硫黄库房带云台摄像机 6 台。

2. 报警原理

红外线摄像机捕捉到监测范围内温度高于 170℃ 的影像，立即启动联锁报警系统，中控室火灾报警控制器蜂鸣声报警，包装车间卷帘门自动关闭，将火源封闭在厂房内，防止火势蔓延到硫黄仓库。

项目二　红外火灾报警监控要点

1. 监控位置

8 台红外线热成像摄像机监测对象是成型车间六台成型机及其周围设备流程，红外线探测温度异常点。

2. 报警响应

成型车间动火、电气焊作业、硫黄自燃、粉尘爆炸等情况造成局部温度高于170℃，红外线摄像机捕捉到温度异常信息，立即启动联锁报警系统。中控室红外线报警仪发出蜂鸣声，从监控视频可以看到，画面有闪光点。

3. 应对措施

成型车间发现高温点，红外线热成像摄像机捕捉到影像，中控岗和成型岗立即做出应急反应。

（1）加强应急预案演练，一月进行一次现场演练，每周进行一次桌面推演，让每个职工了解应急响应程序，提高突发事件处置能力。

（2）成型车间发生火灾或粉尘爆炸事故，立即启动应急响应程序，救援人员背空气呼吸器、硫化氢报警仪方可进入现场。

（3）中控内操从 DCS 界面停成型机，全开液硫回流调节阀，通知罐区人员立即停泵，倒流程。

（4）按甲方指令，使用灭火器对初起火灾进行灭火。

项目三 红外火灾报警系统操作要点

1. 工作任务

中控内操岗 24 小时监控视频画面，落实红外火灾报警器任何一项报警信息。

2. 操作流程

（1）中控内操报话机联系成型外操，落实报警原因，向甲方班长汇报，电话联系长炼现场仪表到现场确认报警。

（2）长炼现场仪表现场取消联锁报警状态，收起卷帘门，确认中控红外线报警仪界面报警信息。

（3）电气焊作业、动火作业结束后，现场人员认真清扫现场，确保无残留隐患，中控人员负责监控红外线图像，对作业结果进行跟踪观察，确保安全无事故。

（4）长炼现场仪表确认信息完毕后，均应向甲方班长汇报。

3. 操作标准

在中控室视频监视器上 24 小时观察成型车间影响，针对每一个报警，都要详细向甲方班长汇报，并联系长炼现场仪表确认报警信息。

4. 安全注意事项

（1）成型车间红外线摄像机以温度为监测点，中控对监控图像密切观察，对火灾报警仪每一个报警信息详细落实，做到不漏掉一条可疑信息。

（2）中控室壁挂式报警箱，对可疑信息发出蜂鸣声报警信息，每一条信息都要和现场仪表联系，确认是否是误报警信息。每次报警，都要报话机联系成型车间，确认现场生产处于安全状态。

（3）定期检查成型车间消防器材、及时更换过期或不合格的消除器材，保证消防器材完好。

（4）成型岗加强设备巡检，对保温包裹好的液硫管线重点检查。

（5）成型厂房地面洒水，保持地面潮湿，及时清理落地硫黄、粉尘，降低硫黄危害因素。

5. 应急处理办法

（1）中控岗对视频画面24小时监控，发现画面出现闪光点，而火灾报警仪未响应报警，立即通知成型岗核实情况，并通知长炼现场仪表检修火灾报警仪，查找原因。

（2）监控画面未出现闪光点，火灾报警仪频繁报警，联系长炼现场仪表查找原因，消除误报信息。

模块六　冷却水系统的操作

六台成型机造粒后，硫黄颗粒附着在钢带上，通过循环冷却水降温，硫黄颗粒在机尾处由下料刮刀卸料。冷却水系统的正常运行，是钢带正常卸料的保障。循环冷却水喷在钢带上，经回水管线收集流至循环水箱，由三台离心泵外排至系统管网。

循环冷却水冷却水系统流量计、喷咀、回水系统在200单元成型车间，循环水箱、三台冷却水泵在200单元包装车间。启停运操作需要成型外操、包装外操、中控内操三方配合。中控内操在DCS界面投运六台机循环水，控制流量阀位开度，调整水箱回流阀开度，从而实现对循环水箱液位调整。

硫黄成型机工作原理见图2-11。

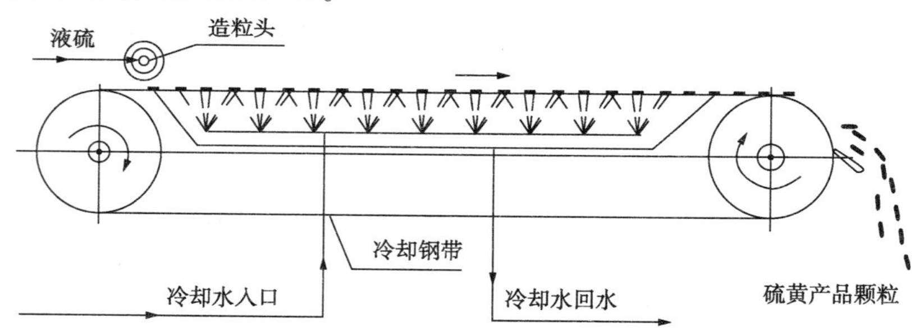

图2-11　硫黄成型机工作原理

项目一　冷却水系统启运

循环水箱介质为低压蒸汽凝结水和循环冷却水的混合物，低压蒸汽凝结水的温度在100℃以上，冷却水温度在30℃左右。循环冷却水系统停运后，水箱温度因凝结水的流入而上升，温度75℃左右，因此循环冷却水系统投运前一定要检查水箱温度，先投运成型机循环冷却水，经回流管线流入循环水箱，在水箱混合降温后，温度在35℃左右启泵，保护泵运转设备。

1. 循环冷却水启运前准备工作

工作任务：

（1）中控室在DCS界面检查循环水箱液位，六台成型机循环冷却水流量调节阀阀位。

（2）成型岗检查水咀、流程、仪表、回水系统。

（3）包装岗检查三台离心泵进出口阀状态，循环水箱液位、温度；配电箱是否有电。

图 2-12　现场成型机冷却水流量调节阀

操作程序：

（1）流程确认。

启运前，成型外操检查喷咀是否完好、循环冷却水进系统流程有无渗漏、回水流程是否正常，现场仪表显示是否正常，检查后向中控内操汇报，确认工作完毕。现场成型机冷却水流量调节阀见图 2-12。

（2）设备确认。

200 单元包装车间外操人员，检查三台冷却水泵进口阀是否打开，泵出口阀是否关闭，检查循环水箱液位 50%~70%之间、温度是否烫手，检查回流调节阀是否在关位，检查配电箱是否有电，与中控核对水箱液位，向中控汇报设备检查情况，确认工作完毕。

（3）DCS 确认。

中控内操人员将 200 单元成型、包装岗反馈信息与 DCS 界面认真核对后，确认具备投运条件，确认工作完毕。

操作标准：各单元检查确认与循环冷却水相关的所有设备、流程，确定冷却水系统具备启运条件，确认工作完成。

安全注意事项：

（1）现场外操人员必须劳保齐全，懂流程会操作。

（2）中控岗、成型岗、包装岗投运前检查流程、设备、仪表状态，三方核对参数一致后，方可投运循环冷却水系统。

（3）开启前确保成型机、循环冷却水箱现场有人员待命。

2. 循环冷却水启运操作

工作任务：成型机循环冷却水投运后，根据循环水箱液位、温度，现场启动循环冷却水泵 200-P-001。DCS 成型机冷却水流量调节阀界面见图 2-13。

操作程序：

（1）DCS 界面操作程序。

① 点击成型单元界面，打开 200-SFU-001 循环冷却水操作界面，手动调节回流阀开度，缓慢调整至 60%。循环水箱回流调节见图 2-14。

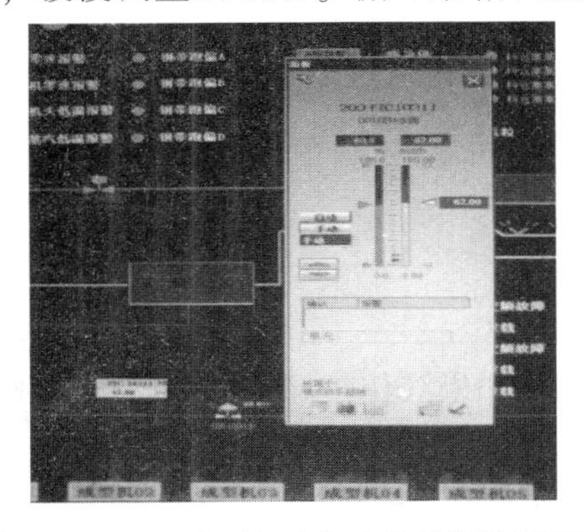
图 2-13　DCS 成型机冷却水流量调节阀界面

图 2-14　循环水箱回流调节

② 通知成型外操人员观察冷却水喷咀是否正常，有无堵塞情况，检查回水是否通畅。

③ 如果循环冷却水正常，开启下一台成型机冷却水，如果不正常，中控人员在界面上关闭调节阀，通知长炼维保人员检修。

④ 从 DCS 界面观察循环水箱液位，超过 80%，及时向包装车间下达启泵指令。循环水箱液位计见图 2-15。

（2）现场启泵操作。

① 流程检查完毕，收到中控指令方可启泵。

② 循环水箱液位在 80%~85%之间启泵。

③ 六台成型机冷却水，启运两台泵才能满足输送要求。三台离心泵，两开一备。

④ 启泵时，泵出口缓慢打开，向中控汇报阀开度，同时观察循环水箱液位变化。

（3）观察。

① 包装外操人员观察泵有无异响，摸泵体或电机有无发热，冒烟等现象，观察水箱液位是否缓慢下降。

② 中控人员在 DCS 界面观察设备运转状态是否为“绿色”，观察水箱液位变化情况，及时调整回流调节阀开度。DCS 循环水箱液位调整界面见图 2-16。

图 2-15　循环水箱液位计

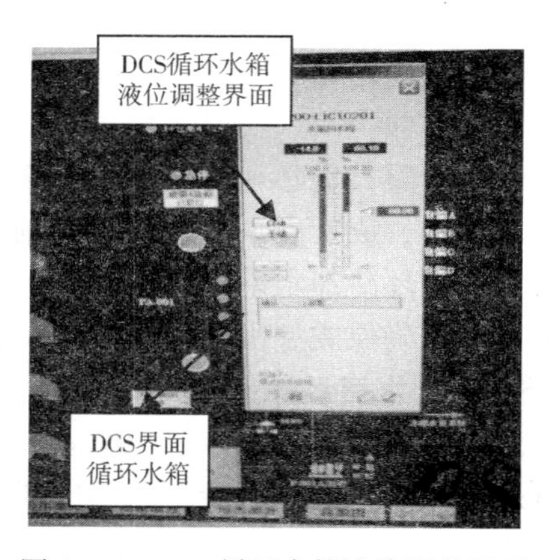

图 2-16　DCS 循环水箱液位调整界面

③ 成型外操人员观察循环冷却水喷咀有无异常，观察流量是否均匀，有无忽大忽小现象，及时向中控汇报现场情况。

操作标准：

（1）循环水箱液位 80%~85%之间，水箱温度 35℃左右启泵。

（2）中控岗从 DCS 界面准确投运六台成型机冷却水系统，单台成型机流量调节阀开度 60%。

（3）成型岗检查喷咀正常，回水正常，流量与中控室显示一致。

（4）包装岗按操作规程启动两台循环冷却水泵。

安全注意事项：

（1）根据循环水箱液位情况，投运成型机循环冷却水，如果液位较高，可边启动循环水泵边投运成型机循环冷却水，控制水箱液位，防止水箱冒罐。

（2）平稳、缓慢调节循环水箱回流调节阀，防止液面波动过大，导致联锁停泵或冒罐事故。

（3）包装车间现场留两名外操人员，配合中控内操启泵，根据水箱液位情况、泵运转情况，进行换泵作业，或调整泵出口阀门开度。

（4）按操作规程操作，调整过程中防憋压、防触电、防碰伤、防烫伤。

应急处置方法：成型机故障应急处置方法见表 2-3。

表 2-3 成型机冷却水流量过大、过小应急处置方法

序号	项目	原因	调整步骤
1	成型机冷却水流量过大	DCS 流量显示值小于现场值	中控内操通知现场仪表检修流量计，通知系统仪表检查信号传输
		DCS 冷却水调节阀开度显示值小于现场值	中控内操通知现场仪表检修调节阀，联系系统仪表检查信号传输
2	成型机冷却水流量过小	DCS 流量显示值大于现场值	中控内操通知现场仪表检修流量计，通知系统仪表检查信号传输
		DCS 冷却水调节阀开度显示值大于现场值	中控内操通知现场仪表检修调节阀，通知系统仪表检查信号传输
		喷咀堵塞	中控内操通知成型外操岗检查喷咀，通知长炼静设备检修

项目二 冷却水箱液位调整

六台成型机冷却水投运后，循环水箱液位未达到 60%前，中控岗手动调节循环水箱回流阀开度，将液位调整接近 60%时，在 DCS 操作界面设置为自动控制模式。

循环水箱液位 60%是个安全参数，因泵故障、现场仪表故障、系统仪表故障导致的水箱液位上升至 100%，或下降至 35%联锁停泵，需要 5 分钟左右时间，这个时间足够做应急处理操作。

1. DCS 调整

工作任务：在 DCS 操作界面调整循环水箱，中控内操根据液位变化，调整水箱回流阀开度，使循环水箱液位保持 60%，调控稳定后，设为自动控制模式。

操作程序：冷却水箱液位调整操作程序见表 2-4。

表 2-4 冷却水箱液位调整操作程序

序号	项目	调整方法	分类	调整后水箱液位变化	调整步骤
1	水箱液位 40%~50%之间	调大循环水回流调节阀开度	水箱回流阀开度 0~10%	液位变化不大或继续下降	循环水箱回流调节阀打开至 10%，液位变化不大或继续下降，说明回流阀开度过小，继续调整阀开度
			水箱回流阀开度 10%~20%	液位变化不大或继续下降	循环水箱回流调节阀打开至 20%，液位变化不大或继续下降，说明可能是泵出口开度过大导致，继续调整阀开度，验证这一推测
			水箱回流阀开度 20%~30%	液位缓慢上升	循环水箱回流调节阀打开至 30%，液位开始上升，证明泵出口阀开度过大，先下调回流阀开度至 15%，将泵出口按二分之一圈大小关闭，关后观察 5 分钟液位，如果液位下降，继续关泵出口，如果液位上升，中控在 DCS 界面下调回流阀开度，液面接近 60%时，设为系统自动调整模式

续表

序号	项目	调整方法	分类	调整后水箱液位变化	调整步骤
2	水箱液位50%~60%之间	缓慢打开回流阀观察	水箱回流阀开度10%以下	液位上升	继续下调回流阀开度，在水箱液位接近60%时调为自动调整模式
			水箱回流阀开度10%~20%	液位缓慢上升	调整水箱回流阀开度，观察水箱液位，并投为自动控制状态。阀位接近20%，回流量较大，内操外操注意观察水箱液位
			水箱回流阀开度30%以上	液位变化不大或继续下降	说明泵出口阀开度较大，关小泵出口阀，液位上升速度加快，将回流阀开度降至15%左右，或10%以下，观察水箱液位，接近60%时调为自动调整模式
3	水箱液位60%~75%之间	调小回流阀开度	原阀位开度在15%以上	关小回流阀后，液位上升到80%左右	中控在界面缓慢关小回流阀，观察液位，如果液位下降，说明调整有效，如果液位不变，继续关，直到全部关闭。全关后，液位下降，说明调整有效，如果液位上升，说明泵出口阀开度较小，通知外操调大泵出口。液位接近60%左右时，设为自动调整模式
			原阀位开度在15%以下	关小回流阀时，液位下降至60%以下	中控在界面缓慢开大回流阀，观察液位，如果液位上升，说明调整有效，如果液位不变，继续开到20%。全关后，液位下降，说明调整有效，如果液位上升，说明泵出口阀开度较小，通知外操调大泵出口。液位接近60%左右时，设为自动调整模式
4	水箱液位75%以上	关闭回流阀后观察	原阀位开度在15%以上	液位上升到85%以上	逐渐关闭循环水箱回流阀，如果液位下降，说明调整有效。如果液位上升，说明泵况出口开度小，开大泵出口，如果液位不降，切换泵，通知长炼动设备检修。在成型机生产前可将循环水停运，降低液位再换泵，如果是生产过程中，及时倒泵，观察液位变化情况
			原阀位开度在15%以下	液位下降升到60%以下	关闭回流阀后，水箱液位下降，说明是回流阀开度过大导致液位较高。如果全关后液面下降，说明泵出口开度过大，关小泵出口，观察水箱液位情况，接近60%时调为自动调整模式

操作标准：循环水箱液位保持60%左右；循环水箱回流调节阀开度15%左右，或低于10%的最佳调整状态。

安全注意事项：

（1）包装岗外操人员两名，劳保齐全，带好报话机，现场待命。

（2）循环水箱回流调节阀开度不要超过20%，泵骤停时，水箱回流量过大，易造成冒罐事故。

（3）循环水箱液位超过80%，低于45%，包装岗按中控指令调整泵出口阀开度，或进行切换泵操作，防止冒罐或联锁停泵。

（4）调整阀位时，正常情况下以2%的值调整，避免循环水箱液位过大波动，造成冒罐事故。紧急情况下，液位过高，超过90%，关闭阀时可按5%~10%的值进行操作。

应急处置办法：循环水箱液位DCS调整应急处置办法见表2-5。

表2-5　循环水箱液位DCS调整应急处置方法

序　号	项　目	原　因	调整步骤
1	循环水箱液位超过80%	循环水箱回流调节阀开度大于20%	下调阀位开度，边调整边观察，液位下降说明调整有效，水箱液位在60%左右时设置为自动调整模式
		循环水箱回流调节阀开度10%~20%	下调阀位开度，边调整边观察，液位下降说明调整有效，水箱液位在61%左右时设置为自动调整模式
		循环水箱回流调节阀开度5%~10%	阀位开度已经很低，考虑泵出口阀开度小，泵故障或滤网堵等原因水排不出去，联系外操人员开大泵出口阀，观察，水位下降，说明是泵出口开度小的原因。如果水位上升，立即换泵，通知长炼动设备检修，中控继续在界面调整水箱水位
		循环水箱回流调节阀开度小于5%	联系外操人员开大泵出口阀，观察，水位下降，说明是泵出口开度小造成水位上升。如果水位上升，立即换泵，通知长炼动设备检修，中控继续在界面调整水箱水位
2	循环水箱液位低于45%	循环水箱回流调节阀开度大于20%	说明是泵出口开度过大导致液位下降，通知外操人员关小泵出口，调小回流阀开度在15%以下，水箱液位在60%，设为自动控制模式
		循环水箱回流调节阀开度10%~20%	回流调节阀开度在15%以上，接近20%，考虑是泵出口过大原因位在15%以下，上调至接近20%，观察，如果水箱液位上升，说明是阀开度原因，如果调整无效，说明是泵出口原因。通知外操关小泵出口，内外操配合一起调整
		循环水箱回流调节阀开度0~10%	水箱回流阀开度过小，调大开度，观察，如果开度调整到20%，液位上升，说明是阀位原因，如果调整后液位不升，说明还有泵出口过大的原因，需要内外操一起调整

2. 现场调整

工作任务：观察水箱液位，测水箱温度，按中控指令，启动两台循环冷却水泵，调整好泵出口阀开度，观察水箱液位。

操作程序：包装车间外操人员劳保齐全，水箱温度35℃左右，根据中控指令，给循环水泵200-P-001A或B或C送电，缓慢打开泵出口阀，观察水箱液位变化，向中控汇报开泵台数、水箱液位，等待中控指令。

操作标准：按启泵操作规程操作，根据中控指令调整泵出口阀开度。

安全注意事项：

（1）劳保齐全，启泵前检查设备、流程状态，按操作规程操作。

（2）一名外操开泵出口阀，开阀要缓慢、匀速，每次三分之一圈，每调整一次，必须等待中控指令，并观察泵运行情况；另一名外操观察水箱液位，并用报话机联系中控。

（3）包装外操按中控指令调整泵出口阀开度，泵故障时及时换泵，并向中控内操汇报。

应急处置办法：循环水箱液位调整应急处置办法见表2-6。

表 2-6　循环水箱液位现场调整应急处置办法

序　号	项　目	原　因	调整步骤
1	循环水箱液位超过 80%	泵出口开度过小导致液位上升	开大水泵出口，增大排量
		泵进气或滤网堵等原因水排不出去	及时换泵外排冷却水，向中控汇报，现场等待长炼动设备检修
		成型机 DCS 界面流量与现场不符，现场流量偏大	向中控汇报，按中控指令开关泵出口阀，现场等待长炼现场仪表检修
2	循环水箱液位低于 45%	泵出口开度过大导致液位下降较大	关小水泵出口，减小排量，向中控汇报
		成型机 DCS 界面流量与现场不符，现场流量偏小	通知长炼现场仪表检修流量计

项目三　冷却水系统停运

当日生产任务完成后，成型机停产，钢带不需要循环冷却水降温，此时将冷却水系统停运，是一项节能减排的重要措施。冷却水停运包括两部分：

第一部分：DCS 界面停运。中控内操将六台成型机循环水流量调节阀阀位关至 0%位。

第二部分：包装外操现场停运循环冷却水泵，关闭泵出口阀，断电。

1. 冷却水系统停运前准备工作

工作任务：

（1）中控岗在 DCS 界面检查仪表、设备运行情况，水箱液位等，做停运前准备工作。

（2）包装岗外操在现场检查泵运转情况，等候中控指令停泵。

（3）回流调节阀关闭，阀位开度 0%。

操作程序：

（1）成型车间确认六台成型机已停运，钢带停运。

（2）包装车间确认运行循环水泵 200-P-001A 或 B 或 C 运行正常，水箱液位降至 40%。

（3）DCS 界面确认回流调节阀关闭，阀位 0%。

操作标准：

（1）认真检查设备、流程、仪表等。

（2）内外操人员保持联系，核对数据，做停运准备。

安全注意事项：

（1）外操人员劳保齐全，操作前检查设备、流程状态，具备停泵条件后停泵、断电。

（2）关阀要缓慢、匀速、边关边观察水箱液位，防止冒罐事故。

（3）外操按中控指令进行停运操作，内外操人员保持联系。

2. 停运操作

工作任务：

（1）中控岗在 DCS 界面实现六台成型机冷却水系统停运。

（2）循环冷却水箱液位 40%左右，循环水箱回流阀位 0%。

（3）包装外操人员停泵，关闭泵出口阀，断电。

操作程序：

（1）DCS 界面操作程序。

① 点开 DCS 界面，一名中控内操人员点击循环水箱回流调节阀模块，将回流阀位关至

0%位。

② 另一名中控内操人员同时打开 200-SFU-001 循环水调整画面，状态由“自动”改为“手动”，鼠标托动调节阀指标三角标识，向下缓慢托动至 0%，与现场核对循环水关闭情况。确认无误后，依次停其他五台成型机循环水。

③ 界面操作完成后，再次从 200-SFU-001 起开始检查，确认每台成型机冷却水已停运，循环水箱回流调节阀处在关位，操作完毕。

（2）现场停泵操作。

包装车间外操人员劳保齐全，按中控指令，在循环水箱原地待命，观察水箱液位变化。一名外操手拿报话机在配电箱处待命，另一名外操在泵附近待命。收到中控“停泵”指令，立刻停泵，断电，关闭泵出口阀。

（3）完成操作。

① 成型车间观察六台成型机循环冷却水喷咀有无水花溢出，现场仪表显示流量调节阀开度为 0%，流量指示为 0%，检查完毕后与中控内操人员核对，操作完毕。

② 包装车间确认两台循环水泵出口关闭、电源关闭，观察水箱液位 5 分钟，与 DCS 界面核实液位数据后，操作完毕。

③ 中控内操人员最后确认 DCS 界面循环水箱回流调节阀阀位 0%，水箱液位无变化，六台成型机循环水流量调节阀阀位 0%，流量 0 方，确认后操作完毕。

操作标准：

（1）六台成型机冷却水全部关闭，流量调节阀位全部为 0%。

（2）循环水箱回流调节阀关闭，阀位 0%。

（3）现场泵停运、泵出口阀关闭，停电。

（4）循环水箱液位稳定，无快速上涨现象。

安全注意事项：

（1）现场外操人员劳保齐全，工衣袖口扣好，操作前对操作内容进行风险识别。

（2）所有操作按中控指令进行，不得擅自开关运行设备。

（3）操作过程中注意安全，避免卷入运转设备，发生危险。

（4）所有操作，确认程序为 3 次，观察时间为 5 分钟。以防止因回流调节阀开启，造成循环水回流导致的循环水箱冒罐事故，或因成型机循环水漏关导致的循环水箱冒罐事故。

应急处置办法：冷却水系统停运应急处置办法见表 2-7。

表 2-7 冷却水系统停运应急处置办法

序号	项目	原因	调整步骤
1	成型机循环水流量调节阀关闭，水咀仍有水花喷出	成型机循环水流量计故障	通知现场仪表检修，检修过程中注意水箱液位变化，及时启泵外排水量。正常后关闭冷却水，阀位 0%
2	循环水箱回流阀关闭，水箱仍有回流水量	仪表故障	通知现场仪表检修，检修过程中注意水箱液位变化，及时启泵外排水量。正常后关闭冷却水，阀位 0%
3	成型机循环水全部关闭，水箱回流阀关闭，循环水箱液位上升较快	泵出口阀关不严	通知动设备修泵，检修过程中注意水箱液位变化，及时启泵外排水量
4		循环水箱回流调整阀现场值与界面显示值不一致	通知长炼现场仪表、系统仪表检修，注意观察液位变化

第三单元　成型系统操作

硫黄成型装置由液硫过滤系统、硫黄成型系统、工艺水循环系统、脱模剂系统四部分组成。采用的是6套Rotoform3000型硫黄成型机。它包括一个双通道液态硫黄过滤器、6台Rotoform3000造粒机头、6台钢带冷却机、排风系统、脱膜剂系统、两条收集传送带、一套循环水系统、两套控制系统等设备。

模块一　脱模剂系统的检查及操作

脱模剂系统是由一个容积为1.2m^3的常压脱模剂储罐、一台脱模剂搅拌器、两台脱模剂外输泵、6个脱模剂控制箱、84个脱模剂喷头组成。主要作用是防止固态硫黄颗粒粘黏在钢带表面上经过卸料刮刀卸下时发生破损，从而达到辅助卸料刮刀顺利卸料的目的。

项目一　脱模剂的加注

1. 工作任务

与相关人员配合完成脱模剂的加注作业。

2. 常用工具

(19×22)呆扳手、毛刷、手摇泵、干净的抹布。

3. 操作流程

操作前准备：

(1) 穿戴劳保着装：主要包括防静电工服与工鞋、安全帽、胶皮手套、防尘口罩、降噪耳塞。

(2) 准备相关的操作工具：(19×22)呆扳手、毛刷、手摇泵、干净的抹布。

(3) 检查项目、方法、步骤及重点见表3-1。

表3-1　脱模剂的加注检查项目、方法、步骤及重点

序号	检查项目	检查方法	检查步骤及重点
1	脱模剂储罐的检查	目测	(1)观察储罐外表面及加注口盖板是否完好。(2)打开储罐加注口盖板检查罐底、罐壁、罐顶是否存在异物、大颗粒杂质、灰尘，如果出现异物、大颗粒杂质、灰尘要打开除盐水阀门给储罐内加注一定量的除盐水后关闭阀门，用长把毛刷进行刷洗，刷洗完毕后打开储罐底部排污阀把脏水排净关闭排污阀，最后盖上加注口盖板
2	脱模剂储罐磁性浮子式液位计的检查	目测	(1)检查主体管外壳和储罐连接的上下法兰的螺栓是否紧固。(2)空罐的情况下查看浮子是否在零位，如果不在零位说明磁性浮子上沾有铁屑或其他污物卡住，需要取出浮子，消除磁性浮子上沾有的铁屑或其他污物即可

续表

序号	检查项目	检查方法	检查步骤及重点
3	手摇泵的检查	目测和负压检测	(1)检查外部各连接部件紧固、手动摇杆无卡阻。(2)摇动手摇泵，用手掌挡住吸口，应出现吸气现象，表明管路无漏气
4	除盐水和硅油的检查	目测	(1)打开检查硅油表层有无异物和杂质漂浮。(2)打开除盐水球阀看出水有无杂质，锈渣等

操作规范步骤：

(1) 操作人员(三名及三名以上)配合将桶装硅油推到离脱模剂储罐最近的位置。

(2) 一名操作人员用活动扳手打开桶装硅油的盖子将手摇泵吸入端竖直插进桶中(全部没入硅油中)，另一名操作人员打开脱模剂储罐盖板将手摇泵出口胶管插进脱模剂储罐内扶好。

(3) 操作手摇泵人员左手持手摇泵，右手按顺时针方向连续摇动手摇泵，直到出口胶管有硅油流出。

(4) 第三名操作工站在脱模剂储罐侧面磁性浮子式液位计前，仔细观察储罐液位。当硅油加注至储罐液位 12cm 处时通知手摇泵操作人员停止加注。

(5) 操作人员把手摇泵出口胶管从储罐中取出，然后盖上盖板，打开侧壁上部的除盐水球阀向储罐内注入除盐水。当除盐水加注至储罐液位 83cm 的时候关闭除盐水阀。

(6) 操作人员先将手摇泵从硅油桶中取出，盖紧桶盖，再把手摇泵擦拭干净后放置在干燥、通风的工具箱内。

质量标准：脱模剂配比(86%除盐水：14%硅油)。

4. 安全注意事项

(1) 操作前必须劳保着装，正确佩戴硫化氢报警仪及防尘面罩，防爆工具准备齐全。

(2) 操作中必须正确使用防爆工具，防止使用不当造成人身伤害。

5. 事故预防与应急处置

脱模剂的加注事故预防及应急处置见表 3-2。

表 3-2　脱模剂的加注事故预防及应急处置

序　号	事故描述	主要危害及后果	预防措施及处置
1	液位不正常，低于 10%	液位低于 10%时，将会联锁停泵，使成型机无脱模剂供应，导致钢带上硫黄粘连，损坏设备	操作人员每班检查脱模剂罐液位，为下一个班提前配好充足的脱模剂
2	磁翻板液位计读数不准确	不能提供准确的液位，易造成人员误操作，导致低液位联锁保护	运行组每班检查液位计显示，与控制室 DCS 上液位显示对比，对假液位作出及时判断，保证无泄漏与脏堵或是检修时对液位计进行疏通
3	液位变送器出现故障	不能提供准确数据，导致介质抽空或冒罐	DCS 操作人员日常检查界面中显示的液位，当数据出现较大偏差请维保人员检修，变送器每年定期校验一次
4	罐体变形、泄漏	罐体变形、泄漏将改变液位，造成脱模剂浪费	操作人员每班检查，发现罐体变形、泄漏时通知维保检修

6. 拓展知识阅读推荐

《硫黄成型机防粘剂国产化研究》，作者：芦清新、裴建军、李镇、王春玲，《齐鲁石油化工》，2000 年 02 期。

项目二　脱模剂搅拌器的检查与启停操作

1. 工作任务

启动搅拌器对脱模剂储罐内的脱模剂溶剂(86%除盐水：14%硅油)进行充分搅拌、混合。

2. 常用工具

(19×22)呆扳手、平口螺丝刀。

3. 操作流程

操作前准备：

(1) 穿戴劳保着装：主要包括防静电工服与工鞋、安全帽、劳保手套、防尘口罩、降噪耳塞。

(2) 准备相关的操作工具：(19×22)呆扳手、平口螺丝刀、防爆对讲机。

(3) 操作前检查项目、方法、步骤及重点见表 3-3。

表 3-3　脱模剂搅拌器的检查方法、步骤及重点

检查项目	检查方法	检查步骤及重点
搅拌器的检查	目测、耳听、手摇	(1)检查搅拌电机和脱模剂储罐连接螺栓是否紧固。(2)用活动扳手拆开脱模剂搅拌电机散热扇外部的保护罩，双手按电机旋转方向转动 3~5 圈，检查转动是否灵活，听听有无杂音，如果出现卡阻现象要检查电机和联轴器之间的滚动轴承是否损坏及异物卡住

操作规范步骤：

脱模剂搅拌器的启动操作：

(1) 操作人员使用防爆对讲机联系中控室内操确认搅拌电机已送电。

(2) 操作人员一人按下电源操作柱(LCP-12)上的搅拌器“启动”按钮，一人打开脱模剂储罐上部盖板检查搅拌器叶轮转动方向是否正确(叶轮和脱模剂溶剂按顺时针旋转)、转动状态是否平稳。

(3) 盖上脱模剂储罐顶部盖板，搅拌时间约为 5 分钟，搅拌完毕后操作人员按下电源操作柱上的停止按钮。打开脱模剂顶部罐盖板查看搅拌器是否停止转动及脱模剂是否搅拌均匀，确认无误后关闭脱模剂储罐顶部盖板。

脱模剂搅拌器的停止操作：

(1) 操作人员打开脱模剂储罐顶部盖板，确认脱模剂已搅拌均匀。

(2) 按下电源操作柱(LCP-12)上的搅拌器“停止”按钮，设备停止。

质量标准：硅油和除盐水混合均匀，无分层，表层洁净、无污物。

4. 安全注意事项

(1) 操作前必须劳保着装，正确佩戴硫化氢报警仪及防尘面罩，防爆工具准备齐全。

(2) 操作中必须正确使用防爆工具防止使用不当造成人身伤害。

(3) 严禁穿宽松衣服、扎领带等易卷入转动机器设备的衣物作业。

（4）检查搅拌电机前必须确认电机电源已断，接地线完好。

（5）在运转机器附近，不得戴手套、项链、戒指、手表、手镯或其他有可能被卷入运转机器的物件；长发要扎短、盘好扎牢，全部束在安全帽内。

5. 应急事故预防与处置

脱模剂搅拌器运转不正常预防与处置见表 3-4。

表 3-4 脱模剂搅拌器运转不正常预防与处置

事故描述	主要危害及后果	预防措施及处置
搅拌机运转不正常	搅拌机损坏，无法搅拌脱模剂，使脱模剂混合不均匀，影响脱模效果，严重时使钢带粘连硫黄，损坏设备	操作人员每班检查脱模剂搅拌机运转情况，发现异常通知维保检修

6. 拓展知识阅读推荐

《防爆电动机检修的问题与对策》，作者：丁明滨，《通用机械》2010 年 10 期。

项目三 脱模剂输送泵的检查与启停操作

1. 工作任务

完成脱模剂输送泵的检查与启停作业。

2. 常用工具

活动扳手、(19×22)呆扳手、平口螺丝刀、防爆对讲机、生胶带。

3. 操作流程

操作前准备：

（1）穿戴劳保着装：主要包括防静电工服与工鞋、安全帽、劳保手套、防尘口罩、降噪耳塞。

（2）准备相关的操作工具：(19×22)呆扳手、平口螺丝刀、防爆对讲机、活动扳手、生胶带。

（3）操作前检查项目、方法、步骤及重点见表 3-5。

表 3-5 脱模剂输送泵的检查方法、步骤及重点

检查项目	检查方法	检查步骤及重点
脱模剂泵的检查	目测、耳听、手摇	(1)检查各连接部位固定螺栓有无松动或缺少现象，检查机泵周围有无妨碍启动运行杂物，检查电动机接地是否牢固、出口压力表是否在零位。(2)用活动扳手拆开电机扇热扇保护罩，按电机旋转方向手动盘车 3~5 圈，检查泵和电动机转动是否灵活，听听有无杂音。(3)检查泵进口“Y”型过滤器滤网是否有杂质和异物堵塞(用 19mm×22mm 的呆扳手把封头螺帽拆下，取出滤网检查表面是否有杂质和异物，若存在异物和杂质需进行清洗，清理完毕后将滤网放回到过滤器腔内，放上垫片，再将螺帽上紧确保无泄漏。检查进出口球阀是否灵活好用。(4)检查脱模剂罐的液面高度是否具备启泵条件

操作规范步骤如下所示。

脱模剂输送泵的启动操作：

（1）操作人员使用防爆对讲机联系中控室内操确认需要启动 1#或 2#输送泵的电机已送电。

（2）脱模机输送泵入口球阀全开，出口球阀全关，用活动扳手拧下泵出口法兰面上的螺栓进行灌泵，直至泵体内空气排净，把螺栓缠上几圈生胶带拧紧，确保不渗漏。

（3）按下电源操作柱（LCP-12）脱模剂1#或2#泵的电机启动按钮，全面检查机泵的运转情况。

（4）观察泵的出口压力表，当泵出口压力高于操作压力0.2MPa时，逐渐全开出口球阀，缓慢打开回流手阀控制泵的出口压力达到正常操作压力0.2MPa。

（5）启动电机时，若启动不起来或有异常声音时，应立刻切断电源检查，消除故障后方可启动。

脱模剂输送泵的停止操作：

（1）操作人员确认成型装置已停运。

（2）先关闭输送泵出口球阀，再按下操作柱（LCP-12）脱模剂1#或2#泵的电机“停止”按钮，设备停运。

操作要点：

（1）离心泵在任何情况下都不允许无液体空转，以免零件损坏。

（2）离心泵启动后，在出口阀未开的情况下，不允许长时间运行。

（3）在正常情况下，离心泵不允许用入口阀来调节流量，以免抽空，而应用出口阀或回流阀来调节。

（4）离心泵运行的最小流量低于额定流量的1/3。

4. 安全注意事项

（1）操作前必须劳保着装，正确佩戴硫化氢报警仪及防尘面罩，防爆工具准备齐全。

（2）操作中必须正确使用防爆工具防止使用不当造成人身伤害。

（3）严禁穿宽松衣服、扎领带等易卷入转动机器设备的衣物作业。

（4）检查电机前必须确认电机电源已断，接地线完好。

（5）在运转机器附近；不得戴手套、项链、戒指、手表、手镯或其他有可能被卷入运转机器的物件；长发要扎短、盘好扎牢，全部束在安全帽内。

5. 事故预防与应急处置

脱模剂输送泵事故预防及应急处置见表3-6。

表3-6 脱模剂输送泵事故预防及应急处置

序号	事故描述	主要危害及后果	预防措施及处置
1	泵运转不正常，输出压力未达到0.2MPa，回流阀全部关闭	脱模剂泵运转不正常，会使输出压力达不到额定0.2MPa，影响成型机脱模剂流量，影响脱模效果，回流阀关闭时，泵体会因输出流量过小而过热，影响泵的密封，长期如此造成泄漏或损坏	操作人员启泵后检查泵运转是否正常，出口压力是否达到0.2MPa，如果不正常通知维保检修检查回流阀是否少量开启，回流流量是否足够
2	法兰、管道、阀门、压力表处连接不紧固，泄漏	流程中发生泄漏时，影响成型机脱模剂入口压力和流量，造成脱模效果不良，严重时造成钢带粘连硫黄，损坏设备	操作人员每班检查脱模剂流程有无连接松动、泄漏，发现异常通知维保进行检修

6. 拓展知识阅读推荐

《浅谈离心泵的工作原理和性能参数》，作者：王宏铎、刘欣，《中国石油和化工标准与质量》2011 年 11 期。

项目四 脱模剂控制箱的启动操作

1. 工作任务

完成对脱模剂控制箱的各项参数的调整及投运。

2. 常用工具

控制箱钥匙、活动扳手、防爆对讲机、平口螺丝刀。

3. 操作流程

操作前准备：

（1）穿戴劳保着装：主要包括防静电工服与工鞋、安全帽、劳保手套、防尘口罩、降噪耳塞。

（2）准备相关的操作工具：控制箱钥匙、活动扳手、防爆对讲机、平口螺丝刀。

（3）操作前检查项目、方法、步骤及重点见表 3-7。

表 3-7 脱模剂控制箱检查方法、步骤及重点

检查项目	检查方法	检查步骤及重点
脱模剂控制箱的检查	目测	（1）检查控制箱进口仪表风管线完好无漏气及进口手阀灵活好用。（2）使用脱模剂控制箱钥匙打开控制箱盖子，检查内部各控制调节阀及连接管线和计时器部件完好无损

操作规范步骤：

（1）操作人员使用防爆对讲机联系中控室内操人员确认界区仪表风供给压力为 0.6~0.8MPa。

（2）确认脱模剂泵已启动，供给压力为 0.2MPa。

（3）操作人员使用控制箱钥匙打开控制箱箱门。

（4）调节控制箱内各控制阀参数。

① 转动主空气供给阀（OZ1）顶部旋钮开关将压力调整为 5×10^5Pa。

② 转动喷雾空气供给阀（OZ3）顶部旋钮开关将压力调整为 1×10^5Pa。

③ 转动控制空气供给阀（OZ5）顶部旋钮开关将压力调整为 3.5×10^5Pa。

④ 转动 0V2（清洁周期计时器）和 0V3（喷射周期计时器）下部旋钮分别设定为 2s 和 120s。

⑤ 转动 OZ10（脱模剂控制阀）顶部旋钮开关将压力调整为 1×10^5Pa。

控制箱内各控制阀位置见图 3-1。

操作参数标准：脱模剂控制箱参数见表 3-8。

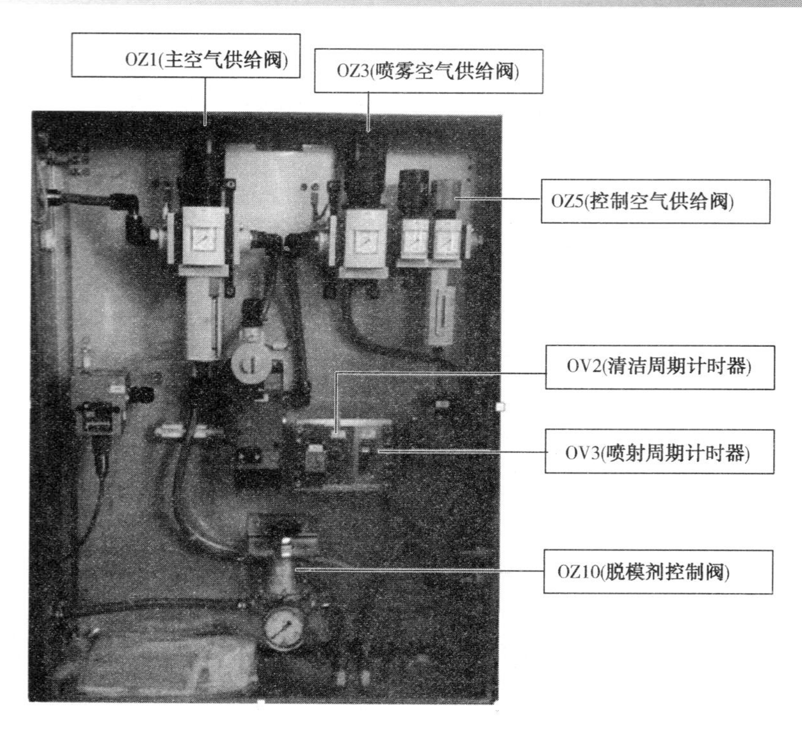

图 3-1　控制箱内各控制阀位置

表 3-8　脱模剂控制箱参数

序号	名称	仪表代号	操作值
1	主控器供给阀	OZ1	5bar
2	喷雾空气	OZ3	1bar
3	控制空气	OZ5	3. 5bar
4	脱模剂控制	OZ10	1. 0bar
5	计时器	OV2	2s
6	计时器	OV3	120s

4. 安全注意事项

（1）操作前必须劳保着装，正确佩戴硫化氢报警仪及防尘面罩，防爆工具准备齐全。

（2）调整供给阀压力时一定要缓慢操作。

5. 事故预防与应急处置

脱模剂控制箱的启动事故预防及应急处置见表 3-9。

表 3-9　脱模剂控制箱的启动事故预防及应急处置

序号	事故描述	主要危害及后果	预防措施及处置
1	仪表风压力不正常，泄漏，执行机构动作不准确	仪表风压力不足使调节阀不能正常工作，调节阀不执行开度指令，或实际开度与指令偏差较大，影响产品质量	每班巡检仪表风压力是否正常，核对控制箱里的控制阀压力参数是否准确，如有偏差请仪表人员检修
2	脱模剂供给阀压力低于 1.0×10^5Pa	会造成脱模剂在钢带上的分布不均，导致钢带上硫黄颗粒粘连或残留，影响产品质量且增加粉尘	岗位人员及时检查脱模剂供给阀压力，及时调整供给阀压力控制在 1.0×10^5Pa

6. 拓展知识阅读推荐

《Festo 气动培训——基础部分工作手册》，《百度文库》2011 年 10 月 19 日。

项目五　脱模剂喷头的检查与启动操作

1. 工作任务

完成脱模剂喷头的投运及喷射量的调整。

2. 常用工具

活动扳手、防爆对讲机、胶皮手套、干净擦布。

3. 操作流程

操作前准备：

(1) 穿戴劳保着装：主要包括防静电工服与工鞋、安全帽、劳保手套、防尘口罩、降噪耳塞。

(2) 准备相关的操作工具：活动扳手、防爆对讲机、胶皮手套、干净擦布、脱模剂控制箱钥匙。

(3) 检查项目、方法、步骤及重点见表 3-10。

表 3-10　脱模剂喷头的检查方法、步骤及重点

检查项目	检查方法	检查步骤及重点
脱模剂喷头的检查	目测、手摸	(1)检查喷头上脱模剂、控制空气、喷雾空气接口处管线连接紧固。(2)检查脱模剂调节螺母旋转灵活无卡阻。(3)检查喷头有无堵塞、喷射否均匀

操作规范步骤：

(1) 操作人员打开脱模剂控制箱箱门，检查控制气压力为 3. 5bar、喷雾空气压力为 1bar、脱模剂控制压力为 1bar。

(2) 全开控制箱至脱模剂喷头开关球阀。

(3) 打开成型机机头下部脱模剂喷头保护盖板，旋转喷头上部滚花螺钉调节喷嘴喷射量的大小。

操作要点：

(1) 调节喷嘴喷射量的大小时要缓慢旋转滚花螺钉，一边旋转一边观察喷出的脱模剂是否均匀覆盖在钢带上。

(2) 喷嘴喷射量不宜过大或过小，过大易造成脱模剂浪费，过小造成硫黄颗粒粘连钢带，下料刮刀刮不干净并且损坏刮刀。

4. 安全注意事项

(1) 操作前必须劳保着装，正确佩戴硫化氢报警仪及防尘面罩，防爆工具准备齐全。

(2) 调整脱模剂喷嘴喷射量的时候必须提前戴好防护全面罩，以免脱模剂不慎飞溅入眼。

5. 事故预防与应急处置

脱模剂喷头堵塞事故预防及应急处置见表 3-11。

表 3-11 脱模剂喷头堵塞事故预防及应急处置

事故描述	主要危害及后果	预防措施及处置
喷头堵塞，雾化效果不好	发生脱模剂喷头堵塞，雾化效果不良，喷头流量调整不合适等情况时，会造成脱模剂在钢带上的分布不均，导致钢带上硫黄颗粒粘连或残留，影响产品质量且增加粉尘	操作人员随时检查脱模剂泵出口压力，检查脱模剂喷头，发现压力过低，喷头没有雾化良好的脱模剂喷涂到钢带上后，通知维保人员进行检修，严重时应停机

6. 拓展知识阅读推荐

《雾化喷嘴及其设计浅析》，《煤矿机械》2008 年 3 月。

模块二　皮带机、钢带冷却机、造粒机的检查与启停操作

项目一　皮带机的检查与启停操作

成型厂房 6 台成型机生产的固态硫黄颗粒产品主要是依靠两台皮带机输送至硫黄料仓的。每台皮带机是由(防静电、阻燃)黑色橡胶皮带、驱动减速电机、不锈钢驱动轮毂、支撑滚动托轮、零速限制开关、跑偏接近开关、拉绳急停开关组成。

1. 工作任务

完成输送皮带、传动电机、支撑滚动轮毂的检查与启停作业。

2. 常用工具

活动扳手、防爆对讲机、干净擦布。

3. 操作流程

操作前准备：

（1）穿戴劳保着装：主要包括防静电工服与工鞋、安全帽、劳保手套、防尘口罩、降噪耳塞。

（2）准备相关的操作工具：活动扳手、防爆对讲机、干净擦布。

（3）操作前检查项目、方法、步骤及重点见表 3-12。

表 3-12 皮带机的检查方法、步骤及重点

检查项目	检查方法	检查步骤及重点
皮带机的检查	目测	(1)检查电机减速机、滚筒支架等各部联接螺栓、地脚螺栓是否坚固，有无松动脱焊现象。(2)检查支撑滚动轮毂是否齐全、皮带有无破损断裂、跑偏现象、松紧是否合适。(3)各部轴承、减速机润滑是否良好，油质、油量是否符合标准。(4)打开减速器电机尾部保护罩，按照电机旋转方向转动电机，查看是否有卡阻现象。(5)检查紧急拉绳开关，跑偏接近开关是否完整，拉绳是否到位

操作规范步骤如下所示。

皮带机的启动操作：

（1）操作人员使用防爆对讲机联系中控室人员确认皮带机已送电。

（2）确认皮带机皮带上无障碍物及周围无人方可开机。

（3）操作人员按下皮带机操作柱上的“启动”按钮，设备启动。

皮带机的停止操作：

（1）操作人员确定成型装置已停运、皮带上已无物料。

（2）按下操作柱上的“停止”按钮，设备停运。

操作要点：

（1）正常情况下，任何皮带都不允许带负荷停机。

（2）皮带打滑，必须立即按下“停止”开关，查明并消除打滑的原因，卸下部分物料，按规定启动皮带，两次启动时间相隔不得少于半分钟，不得连续多次启动，以免烧坏电机。

（3）皮带左右跑偏，无固定的方向表明皮带松弛；皮带无论有料或无料固定向一侧跑偏，表明皮带两侧松紧不一致，其处理方法：调整皮带尾部拉紧装置。

4. 安全注意事项

（1）操作前必须劳保着装，正确佩戴硫化氢报警仪及防尘面罩，防爆工具准备齐全，将长发挽入工作帽内，防止卷入皮带发生人身受伤事故。

（2）运行中如发现皮带跑偏、打滑、乱跳等异常现象时，应及时进行调整。皮带打滑时，严禁用脚蹬、手拉、压杆子、往转轮和皮带间塞东西等方法处理。皮带松紧度不合适，要及时调整拉紧装置。

（3）禁止从皮带上方跨越、皮带下方穿越通过。

（4）设备运行时，严禁用手触摸设备的运转部位，严禁在皮带下打扫卫生和清料。

（5）设备出现异常或故障时，要在设备停止运转并切断电源的状态下进行维修，严禁边运转边维修。

（6）停机前要首先停止给料，待皮带上的物料全部卸完后，才能停机。

5. 事故预防与应急处置

皮带机作业过程中机械伤害应急处置方案见表3-13。

表3-13　皮带机作业过程中机械伤害应急处置方案

步骤	处　置	负责人
事件风险分析	1. 事件发生原因 （1）人员违章作业 （2）监护人不在现场 （3）机器自启动 （4）防护设施损坏 2. 事件危害 （1）人员伤亡 （2）设备损坏	
发现异常	××在作业过程中受到物体打击、撞伤、碰伤	现场发现第一人
现场确认、报告	向班长报告：××被××伤害及受伤情况。班长现场确认，并向车间值班干部和厂应急指挥中心办公室报告	现场发现第一人 当班班长 车间值班干部
报警	向救援机构报警（事发地点、伤员受伤情况）	车间值班干部 当班班长

续表

步骤	处　　置	负责人
应急程序启动	通知其他岗位人员救援，并通知车间负责人	车间值班干部
人员抢救	对现场受伤人员进行必要的应急处理。迅速将伤员脱离危险场地，移至安全地带；在抢救伤员时，不论哪种情况，都应减少途中的颠簸，也不得随意翻动伤员；迅速止血，包扎伤口；若伤员有断肢情况发生尽量用干净的干布(灭菌敷料)包裹装入塑料袋内，随伤员一起转送；持续进行急救(决不放弃)，直到专业人员到达	车间应急人员
警戒	根据事故位置，划定警戒范围，禁止无关人员与车辆进入	车间应急人员
接应救援	确认消防通道畅通，接应医疗车辆及外部应急救援力量	车间应急人员

6. 拓展知识阅读推荐

《浅谈皮带机综合保护装置在实际应用中的问题与解决办法》，《煤矿机械》2012 年 12 月。

项目二　钢带冷却机的检查及启停操作

钢带冷却机的主要作用是将造粒机头滴落的液态硫颗粒冷却成固态硫颗粒的承载与输送设备。钢带冷却机是由不锈钢钢带、V 形防跑偏胶条、驱动轮毂、张紧轮毂、气动张紧物料下料刮刀、钢带清洁装置、轮毂清洁刮刀、钢带支撑惰轮、紧急拉绳开关、钢带零速跑偏开关、钢带跑偏开关、冷却水收集盘、冷却水喷淋系统组成。

1. 工作任务

完成钢带机、冷却水系统的检查与启停作业。

2. 常用工具

活动扳手、呆扳手、防爆对讲机、清洁毛刷。

3. 操作流程

操作前准备：

(1) 穿戴劳保着装：主要包括防静电工服与工鞋、安全帽、劳保手套、防尘口罩、降噪耳塞。

(2) 准备相关的操作工具：活动扳手、防爆对讲机、干净擦布、呆扳手、清洁毛刷。

(3) 操作前检查项目、方法、步骤及重点见表 3-14。

表 3-14　钢带冷却机的检查方法、步骤及重点

检查项目	检查方法	检查步骤及重点
钢带冷却机的检查	目测	(1)检查电机减速机、张紧轮毂、驱动轮毂支架等各部联接螺栓、地脚螺栓是否坚固，有无松动脱焊现象、外部隔离保护视窗盖板是否损坏。(2)检查钢带支撑惰轮是否齐全，钢带有无破损、裂痕、跑偏现象，松紧是否合适，钢带表面有无余料。(3)各部轴承、减速机润滑是否良好，油质、油量是否符合标准。(4)检查下料刮刀、钢带刷水装置、轮毂清洁装置是否破损、松动。(5)检查冷却水供给调节阀流量、压力、温度是否达到规定的操作参数(压力为 0.3~0.4MPa、温度为 32℃、流量为 45~50t/h)，冷却水喷头是否出现位置跑偏、堵塞现象。(6)检查紧急拉绳开关，跑偏接近开关是否完整，拉绳是否到位

操作规范步骤如下所示。

钢带冷却机的启动操作：

（1）操作人员使用防爆对讲机联系中控室人员确认钢带冷却机已送电。

（2）确认钢带冷却机钢带上无障碍物及外部隔离保护视窗盖板盖严方可开机。

（3）操作人员先按下操作面板下部的“复位”按钮，再按下操作面板上部的“钢带启动”按钮，指示灯亮，设备启动。

（4）观察操作面板上的“钢带速度”显示屏的显示数值，按下操作面板上的“钢带加速”或“钢带减速”按钮将速度调整至合适转速(60.0m/min)。

钢带冷却机的停止操作：

（1）操作人员确定成型机物料阀已关闭、造粒机头已停止、钢带上已无物料。

（2）按下操作面板上的“钢带停止”按钮，指示灯熄灭，设备停运。

操作要点：

（1）正常情况下，钢带都不允许带负荷停机。

（2）钢带打滑，必须立即按下“停止”开关，查明并消除打滑的原因，卸下部分物料，按规定启动钢带冷却机，两次启动时间相隔不得少于半分钟，不得连续多次启动，以免烧坏电机。

（3）钢带左右跑偏，V形防跑偏胶条摩擦轮毂发出异响，表明钢带两侧松紧不一致。其处理方法：调整钢带冷却机头部张紧轮毂拉紧装置。

（4）钢带上有余料未刮净，表明下料刮刀松动或刀头损坏，需要紧固刮刀或更换。

4. 安全注意事项

（1）操作前必须劳保着装，正确佩戴硫化氢报警仪及防尘面罩，防爆工具准备齐全，将长发挽入工作帽内，防止卷入钢带发生人身受伤事故。

（2）运行中如发现钢带跑偏、打滑、乱跳等异常现象时，应及时进行调整。钢带打滑时，严禁用脚蹬、手拉、压杆子、往轮毂和钢带间塞东西等方法处理。钢带松紧度不合适，要及时调整拉紧装置。

（3）钢带冷却机运行时，严禁用手触摸设备的运转部位，严禁在钢带下打扫卫生和清料。

（4）钢带冷却机出现异常或故障时，要在其停止运转并切断电源的状态下进行维修，严禁边运转边维修。

（5）停机前要首先停止给料，待钢带上的物料全部卸完后，才能停机。

5. 事故预防与应急处置

钢带冷却机作业过程中机械伤害应急处置方案见表3-15。

表3-15 钢带冷却机作业过程中机械伤害应急处置方案

步骤	处　置	负责人
事件风险分析	1. 事件发生原因 （1）人员违章作业 （2）监护人不在现场 （3）机器自启动 （4）防护设施损坏 2. 事件危害 （1）人员伤亡 （2）设备损坏	

续表

步骤	处　置	负责人
发现异常	××在作业过程中受到物体打击、撞伤、碰伤	现场发现第一人
现场确认、报告	向班长报告：××被××伤害及受伤情况。班长现场确认，并向车间值班干部和厂应急指挥中心办公室报告	现场发现第一人 当班班长 车间值班干部
报警	向救援机构报警(事发地点、伤员受伤情况)	车间值班干部 当班班长
应急程序启动	通知其他岗位人员救援，并通知车间负责人	车间值班干部
人员抢救	对现场受伤人员进行必要的应急处理。迅速将伤员脱离危险场地，移至安全地带；在抢救伤员时，不论哪种情况，都应减少途中的颠簸，也不得随意翻动伤员；迅速止血，包扎伤口；若伤员有断肢情况发生尽量用干净的干布(灭菌敷料)包裹装入塑料袋内，随伤员一起转送；持续进行急救(决不放弃)，直到专业人员到达	车间应急人员
警戒	根据事故位置，划定警戒范围，禁止无关人员与车辆进入	车间应急人员
接应救援	确认消防通道畅通，接应医疗车辆及外部应急救援力量	车间应急人员

6. 拓展知识阅读推荐

《成型机钢带失效原因分析与解决方案》，作者：江彩霞，《石油化工设备技术》2008年6月。

项目三　造粒机的检查及启停操作

造粒机主要作用是将125~138℃液态硫转换成直径2.4~4.4mm、高度1.4~1.8mm的半球形液硫滴均匀地滴落在下部喷有冷却水的钢带表面。造粒机是由铸造体、重新进料块、有驱动的支持、产品连接件四部分组成。

1. 工作任务

完成造粒机的检查与启停作业。

2. 常用工具

活动扳手、防爆对讲机、平口螺丝刀。

3. 操作流程

操作前准备：

(1) 穿戴劳保着装：主要包括防静电工服与工鞋、安全帽、劳保手套、防尘口罩、降噪耳塞。

(2) 准备相关的操作工具：活动扳手、防爆对讲机、平口螺丝刀。

(3) 操作前检查项目、方法、步骤及重点见表3-16。

表 3-16 造粒机的检查方法、步骤及重点

检查项目	检查方法	检查步骤及重点
造粒机的检查	目测	(1)检查电机减速机、传动链条、机组支撑部件等各部联接螺栓是否坚固，有无松动现象。(2)检查机头保护罩是否完好，零速、跑偏、急停限位开关是否灵活可靠。(3)检查造粒机液硫滴落高度是否为2~5mm，滴落角度是否为4°。(4)检查机头两端轴承是否卡阻、外转筒是否在靠近钢带中心部位。(5)检查重新进料体气缸压紧压力2bar，旋开重新进料体，查看密封条是否损坏或缺失。(6)检查机头进料管线是否有蒸汽和液硫泄漏，连接法兰是否紧固。(7)检查机头温度和机头蒸汽伴热温度是否在125~138℃。(8)检查氮气吹扫管线和阀门是否泄漏，阀门开关是否灵活、卡堵、内漏

操作规范步骤如下所示。

造粒机的启动操作：

(1) 操作人员使用防爆对讲机联系中控室人员确认造粒机头驱动电机已送电，液硫进造粒机的压力为0.2~0.4MPa。

(2) 操作人员确认皮带机、脱模剂系统、钢带冷却机、排风机运行正常。

(3) 操作人员把重新进料块压紧气缸控制阀(控制柜内)打到“合”的位置，将重新进料体与造粒机头外转筒贴紧。

(4) 操作人员先查看操作面板上的“造粒机温度”“机头伴热温度”显示屏上的显示数值是否在125~138℃，再按下操作面板下部的“复位”按钮，最后按下操作面板上部的“造粒启动”按钮，指示灯亮，设备启动。

(5) 观察操作面板上的“造粒机速度”显示屏的显示数值，按下操作面板上的“造粒加速”或“造粒减速”按钮将速度调整至合适转速(60m/min)。

(6) 操作人员通过调节造粒机头针型阀的开度，把造粒机头滴落的液硫颗粒控制在直径为2.4~4.4mm、高度为1.4~1.8mm的半球形状的产品。

造粒机的停止操作：

(1) 操作人员先在操作面板上按下“物料阀关”按钮，再关闭气动物料阀前端的手动开关球阀。

(2) 按下操作面板的“造粒停止”按钮，指示灯熄灭，造粒机停运。

(3) 把重新进料块压紧气缸控制阀(控制柜内)打到“开”的位置，将重新进料体与造粒机头外转筒分开。

(4) 打开氮气吹扫阀门将造粒机内部残留的液硫吹扫干净，氮气吹扫采取吹扫30秒，停60秒，再吹扫30秒，以此反复直至造粒机头无液硫流出，确认吹扫干净。

操作要点

(1) 启动造粒机头电机后，应及时调整造粒机头达到合适转速(60.5m/min)。应在2分钟内进液硫，避免造粒机头在无液硫状态下运行多于2分钟，防止机头内部件干磨。

(2) 打开造粒机头重新进料块压紧气缸控制阀(控制柜内)，检查造粒机头重新进料块的压紧装置仪表风压力是否正常。

(3) 调整造粒机头液硫滴落高度为2~5mm及滴落角度为4°。

(4) 打开氮气吹扫阀门时要先打开上部手阀后再打开下部手阀，关闭氮气吹扫阀门时要先关闭下部手阀后再关闭上部手阀，以免液硫凝固堵塞阀门。

4. 安全注意事项

（1）操作前必须劳保着装，正确佩戴硫化氢报警仪及防尘面罩，防爆工具准备齐全，将长发挽入工作帽内，防止卷入造粒机发生人身受伤事故。

（2）检查确认造粒机头与钢带无接触(2~5mm)，造粒机头上无杂物，外转筒上无结块硫黄，若有升高造粒机头及时清理干净。

（3）造粒机运行时，严禁用手触摸设备的运转及高温部位。

5. 事故预防与应急处置

造粒机作业过程中人员烫伤应急处置方案见表3-17。

表3-17 造粒机作业过程中人员烫伤应急处置方案

步骤	处　置	负责人
事件风险分析	1. 事件发生原因 （1）人员违章作业 (2)监护人不在现场 （3）高温防护设施损坏 2. 事件危害 人员烫亡	
发现异常	××在作业过程中触碰高温部位发生肢体烫伤	现场发现第一人
现场确认、报告	向班长报告：××被××烫伤及烫伤情况。班长现场确认，并向车间值班干部和厂应急指挥中心办公室报告。	现场发现第一人 当班班长 车间值班干部
报警	向救援机构报警(事发地点、伤员受伤情况)	车间值班干部 当班班长
应急程序启动	通知其他岗位人员救援，并通知车间负责人	车间值班干部
人员抢救	对现场受伤人员进行必要的应急处理。迅速将伤员脱离危险场地，移至安全地带。在抢救伤员时，不论哪种情况，都应减少途中的颠簸，也不得随意翻动伤员；迅速止血，包扎伤口；持续进行急救(决不放弃)，直到专业人员到达	车间应急人员
警戒	根据事故位置，划定警戒范围，禁止无关人员与车辆进入	车间应急人员
接应救援	确认消防通道畅通，接应医疗车辆及外部应急救援力量	车间应急人员

6. 拓展知识阅读推荐

《转筒硫黄造粒机在1035吨天硫黄成型工艺中的应用》，作者：张伟，《石油化工设备技术》2009年6月。

模块三　物料阀减型机组的检查及开关操作

项目一　物料阀的检查及开关操作

物料阀主要负责造粒机物料供给和快速切断的气动球型阀门。它主要是由气动执行机构和带有蒸汽夹套的球阀阀体两部分组成。

1. 工作任务

完成物料阀的检查与开关作业。

2. 常用工具

活动扳手、防爆对讲机、平口螺丝刀、防爆F扳手。

3. 操作流程

操作前准备：

（1）穿戴劳保着装：主要包括防静电工服与工鞋、安全帽、劳保手套、防尘口罩、降噪耳塞。

（2）准备相关的操作工具：活动扳手、防爆对讲机、平口螺丝刀、防爆F扳手、红外线测温仪。

（3）操作前检查项目、方法、步骤及重点见表3-18。

表3-18 物料阀的检查方法、步骤及重点

检查项目	检查方法	检查步骤及重点
物料阀的检查	目测仪器检测	（1）检查气动物料球阀和前端手动开关球阀的进、出口两端的法兰面是否有液硫渗漏、连接螺栓是否紧固。（2）观察气动物料球阀和前端手动开关球阀的阀体蒸汽伴热夹套有无蒸汽泄漏，使用红外线测温仪检测伴热温度是否达到125～138℃之间。（3）检查气动物料球阀的气动执行机构的仪表风压力是否在0.4～0.6MPa之间。（4）检查气动执行机构仪表风过滤器滤芯是否脏堵。（5）检查过滤器后的油雾器内是否有润滑油。（6）查看气动执行机构上部阀门状态显示装置是否在“CLOSE”关闭状态。（7）检查气动物料球阀前端手动开关球阀是否在关闭状态

操作规范步骤如下所示。

物料阀的开启操作：

（1）操作人员使用防爆对讲机联系中控室人员确认液硫进料压力为0.2～0.4MPa、温度为125～138℃。

（2）操作人员确认皮带机、脱模剂系统、钢带冷却机、造粒机、排风机运行正常

（3）操作人员打开气动物料球阀前端手动开关球阀。

（4）在操作面板上先按下“复位”按钮，再按下“物料阀开”按钮，指示灯亮，气动物料球阀开启。

（5）确认气动物料球阀上部的阀门状态显示装置在“OPEN”开启状态。

物料阀的关闭操作：

（1）操作人员确认皮带机、脱模剂系统、钢带冷却机、造粒机、排风机运行正常。

（2）在操作面板上按下“物料阀关”按钮，指示灯熄灭，气动物料球阀关闭。

（3）确认气动物料球阀上部的阀门状态显示装置在“CLOSE”关闭状态。

（4）关闭气动物料球阀前端手动开关球阀。

操作要点：

（1）开启物料阀之前一定要确认液硫的压力、温度值在正常的范围。

（2）造粒机进液硫时必须先打开前端的手动开关球阀，后打开气动物料球阀，造粒机停止进液硫时必须先关闭气动物料球阀，后关闭手动开关球阀。

4. 安全注意事项

（1）操作前必须劳保着装，正确佩戴硫化氢报警仪及防尘面罩，防爆工具准备齐全。

（2）操作手动开关球阀的时候，必须佩戴好防烫手套，以免接触到高温部件造成人员烫伤。

（3）经常检查操作面板指示灯，如不完好立即联系整改处理。

5. 事故预防与应急处置

物料阀作业过程中人员烫伤应急处置方案见表 3-19。

表 3-19 物料阀作业过程中人员烫伤应急处置方案

步骤	处　置	负 责 人
事件风险分析	1. 事件发生原因 （1）人员违章作业 （2）监护人不在现场 （3）高温防护设施损坏 2. 事件危害 人员烫亡	
发现异常	××在作业过程中触碰高温部位发生肢体烫伤	现场发现第一人
现场确认、报告	向班长报告：××被××烫伤及烫伤情况。班长现场确认，并向车间值班干部和厂应急指挥中心办公室报告	现场发现第一人 当班班长 车间值班干部
报警	向救援机构报警（事发地点、伤员受伤情况）	车间值班干部 当班班长
应急程序启动	通知其他岗位人员救援，并通知车间负责人	车间值班干部
人员抢救	对现场受伤人员进行必要的应急处理。迅速将伤员脱离危险场地，移至安全地带。在抢救伤员时，不论哪种情况，都应减少途中的颠簸，也不得随意翻动伤员；迅速止血，包扎伤口；持续进行急救（决不放弃），直到专业人员到达	车间应急人员
警戒	根据事故位置，划定警戒范围，禁止无关人员与车辆进入	车间应急人员
接应救援	确认消防通道畅通，接应医疗车辆及外部应急救援力量	车间应急人员

6. 拓展知识阅读推荐

《气动阀的结构形式及工作原理，气动阀的相关标准》，作者：李锦，《百度文库》2012 年 4 月。

项目二　成型机组的检查及启停机操作

1. 工作任务

完成成型机组的检查与启停作业。

2. 常用工具

活动扳手、防爆对讲机、平口螺丝刀、防爆 F 扳手。

3. 操作流程

操作前准备：

（1）穿戴劳保着装：主要包括防静电工服与工鞋、安全帽、劳保手套、防烫手套、防尘口罩、降噪耳塞。

（2）准备相关的操作工具：活动扳手、防爆对讲机、平口螺丝刀、防爆F扳手、红外线测温仪。

（3）操作前的检查项目、方法、步骤及重点见表3-20。

表3-20 成型机组的检查项目、方法、步骤及重点

序号	检查项目	检查方法	检查步骤及重点
1	成型机组的外部开机条件检查	目测仪器检测	(1)检查低压蒸汽伴热供应正常，各液硫夹套管线及液硫过滤器伴热效果良好，投运双通道过滤器伴热、造粒机头蒸汽伴热，检查伴热温度达到125~138℃。(2)检查冷凝水排放系统，确认疏水阀工作正常，造粒机头末端蒸汽温度达到125~138℃。(3)液硫输送泵启动完成，液硫供给到成型机组。(4)检查投运循环冷却水系统，冷却水温度、压力0.2MPa、各喷嘴喷水正常，无堵塞，若堵塞应及时联系处理，检查冷却水回水流程畅通。(5)检查除盐水系统正常投运，现场备有充足的硅油，满足脱膜剂配比需要。(6)检查脱膜剂系统，确认脱膜剂箱内脱膜剂配比(硅油14%：除盐水86%)完好，满足成型机对脱膜剂的需用量，处于备用状态。(7)检查氮气加热器夹套蒸汽符合要求，吹扫氮气流程畅通，压力在0.6~0.8MPa。(8)检查仪表风系统投运正常，压力在0.7MPa
2	成型机组的检查	目测	(1)检查固体硫黄成型机防护罩牢固可靠、安全开关灵活有效。(2)清除设备(尤其钢带)本体及周边的杂物。钢带上方及背面不能有金属等硬的物体。(3)检查钢带位置合适(确认钢带胶条未与轮毂接触)，确认钢带是否居中，所有转动部位润滑良好，及时添加好润滑油/脂。(4)检查造粒机头伴热系统运行良好。(5)检查确认造粒机头与钢带无接触(2~5mm)，造粒机头上无杂物，外转筒上无结块硫黄，若有升高造粒机头及时清理干净。(6)打开造粒机头重新进料块压紧气缸控制阀(控制柜内)，检查造粒机头重新进料块的压紧装置仪表风压力是否正常。(7)检查下料刮刀是否与钢带紧贴或磨损。(8)检查张紧轮毂下方回程安全毛刷是否脱落及清理毛刷上杂物。(9)定期检查冷却液刮刀(刮水毛刷、刮水胶皮)是否脱落及清理毛刷上杂物。(10)检查循环冷却水喷嘴是否通畅。(11)检查各设备正常后，相关人员远离成型机，联系送电，并挂上送电牌

操作规范步骤如下所示。

成型机组的开机操作：

（1）操作程序：开机前按一下操作面板上的复位按钮，依次开启下游的皮带输送机、循环水系统、钢带机、脱膜剂系统、造粒机头、轴流风机、物料阀。

（2）现场启动成型机相对应的皮带输送机。

（3）外操启动循环水外输泵，通知中控内操及时调整循环水箱回流调节阀，水箱液位控制在60%的位置，待水箱液位稳定后，打开成型机循环水调节阀，流量控制在30~35m^3/h，并控制水箱液位防止冒罐。

① 打开水箱回流阀(LIC10201)5%~10%左右开度，向水箱内注入常温循环冷却水，将水箱内过热的循环水(冷凝水加热)排放干净。

② 建立水箱液位控制在60%的位置。

③ 启动单台循环水泵，将循环水箱液位控制在60%以上的位置。

④ 打开成型机循环水调节阀，向成型机供循环冷却水，注意根据循环水箱液位调整循环水调节阀的开度，液位不能低于60%。

⑤ 严禁同时启动2台循环水泵，应分开启动2台循环水泵，当液位稳定后再启动另外1台循环水泵，防止水箱内循环水被抽空。

⑥ 严禁剧烈调整循环水调节阀开度，防止造成循环水管线共振。

（4）在控制面板启动成型机钢带电机，调整钢带达到合适转速(60.0m/min)，检查钢带托辊滚轮工作是否良好。

（5）启动脱膜剂喷涂系统，观察脱膜剂是否均匀地雾状喷涂在钢带表面及液膜厚度是否合适。脱膜剂搅拌器采取间歇开启的方式，每2小时开一次，每次10分钟，确保硅油与除盐水充分混合均匀。

（6）启动造粒机头电机后，应及时调整造粒机头达到合适转速(60.5m/min)。应在5分钟内进液硫，避免造粒机头在无液硫状态下运行多于5分钟，防止机头内部件干磨。

（7）把重新进料块压紧气缸控制阀(控制柜内)打到“合”的位置，将重新进料体与造粒机头外转筒贴紧。

（8）现场启动成型机排风系统。

（9）现场打开液硫切断阀，给造粒机头供料，通过机头前针型阀开度由小到大，逐步提高供料量至额定量。(注：针型阀首次开机调整到位后，以后开机尽量不动)

（10）观察固硫成型情况。正常工况下固硫颗粒为2.4~4.4mm半球状，若颗粒是长条形，说明钢带过快或造粒机头转速过低；若颗粒重叠，说明钢带过慢或造粒机头转速过快；若固硫成片状，说明液硫供量过大，适当减少供料量(注：正常情况下钢带和机头转速是一致的)。

（11）当钢带出现跑偏、刮刀性能不佳等故障时需及时联系检维修人员观察并停机处理。

（12）成型机运转过程中，需定时添加合适比例的脱膜剂。

（13）正常运行中，单台成型机负荷不大于8吨/小时。(注意：超负荷运行不但会缩短设备使用寿命，还会因造粒效果不佳而增加粉尘量，同时使下游的包装料斗下料不畅，影响称重精度。)

成型机组的正常停机操作：

（1）全关液硫入成型机第一道夹套球阀，关成型机液硫切断阀。

（2）继续运转造粒机头和钢带，将成型机液硫管线内剩余液硫通过自压流至造粒机头处理干净。

（3）确认排风机处于开启状态，对造粒机头及管线进行氮气吹扫，氮气吹扫采取吹扫30秒，停60秒，再吹扫30秒，以此反复直至造粒机头无液硫流出，确认管线吹扫干净。

（4）按顺序停轴流风机、造粒机头、脱膜剂、钢带、循环冷却水，关闭重新进料块气缸控制阀(控制箱内)。

（5）待钢带上再无滴落的液硫后，再停运钢带。

（6）待皮带输送机上无硫黄后，停皮带输送机。

（7）切断电源，挂上停电牌。打扫卫生，清除钢带及刮刀上的残余硫黄。

（8）若成型机需长时间停运，为防止转动部件生锈，每隔两星期进行检查和空转。

成型机组的紧急停机操作：

（1）按控制面板上紧急停车按钮，停钢带辊筒及造粒机电机，关闭供料控制阀。

（2）拉动成型机两侧（任意一侧）紧急停车绳，停钢带辊筒及滴落机电机，并关闭供料控制阀。

（3）保护现场，控制柜上挂禁动牌，汇报甲方联系维保单位。

成型机组连锁停机项：（注：急停后造粒机头延迟 2 分钟停）

（1）造粒机头外保护罩壳开启，连锁停机。

（2）控制面板上按下紧急停机按钮、紧急停车绳，联锁停机。

（3）4 个钢带跑偏探头分别在成型机机头端和下料端轮毂下方，任意 1 个探头检测到跑偏（4 选 1），连锁停机。

（4）钢带零转速，联锁停机。

（5）造粒机头进料侧的温度低，联锁停机。

（6）造粒机头零转速，连锁停机。

（7）皮带输送机停运、料仓高位报警，联锁停物料切断阀。

（8）缓冲料仓高位连锁停成型机。

4. 安全注意事项

（1）操作人员培训合格，要熟悉操作法和机器控制方法后再操作机器。

（2）熟悉成型机的操作维护以及开、停机的操作方法及步骤、应急处理方法。

（3）操作人员必须穿戴好劳保用品；严禁穿宽松衣服、扎领带等易卷入转动机器设备的衣物作业。

（4）在运转机器附近，不得戴手套、项链、戒指、手表、手镯或其他有可能被卷入运转机器的物件；长发要扎短、盘好扎牢，全部束在安全帽内。

（5）接通电源时，严禁操作人员身体任何部位接触或靠近机器的转动部件。

（6）操作人员不要坐或站在可能倒向机器的物体上。

（7）机器运行时，操作人员不准离开机器。

（8）造粒机头工作温度较高，防止烫伤。

（9）严禁无循环冷却水开机。

（10）严禁将限位开关用物品遮挡或缠绕。

（11）不准超速、超温、超压、超负荷运行机器。

（12）每班下班停成型机时，试验紧急停机开关是否好用，并在交接班本上做好记录，如不好用应及时汇报联系检修。

（13）经常检查指示灯、警告显示和现场警示牌，如不完好立即联系整改处理。

（14）操作区不能放可能导致人跌倒或倒向运转机器的障碍物。

（15）操作机器前，防护罩、限位开关、紧急停车开关等安全设备必须在位并投入使用。运行中严禁开启防护罩。

（16）机器不完好不准启动。

（17）机器不用时，必须切断电源、气源、蒸汽源、水源，电源总开关要上锁。

（18）打扫设备本体卫生（如清除滴落机处硫黄、皮带机周围卫生打扫等）时转动设备必须完全停止、切断电源，严禁怠速运行、带电情况下作业。

（19）清理落地硫黄的时候，严禁将落地硫黄和金属物体扫在一块存放，防止硫化亚铁自燃。

5. 事故预防与应急处置(表3-21、表3-22)

表3-21　成型机组作业过程中机械伤害应急处置方案

步骤	处　置	负责人
事件风险分析	1. 事件发生原因 （1）人员违章作业 （2）监护人不在现场 （3）机器自启动 （4）防护设施损坏 2. 事件危害 （1）人员伤亡 （2）设备损坏	
发现异常	××在作业过程中受到物体打击、撞伤、碰伤	现场发现第一人
现场确认、报告	向班长报告：××被××伤害及受伤情况。班长现场确认，并向车间值班干部和厂应急指挥中心办公室报告	现场发现第一人 当班班长 车间值班干部
报警	向救援机构报警(事发地点、伤员受伤情况)	车间值班干部 当班班长
应急程序启动	通知其他岗位人员救援，并通知车间负责人	车间值班干部
人员抢救	对现场受伤人员进行必要的应急处理。迅速将伤员脱离危险场地，移至安全地带。在抢救伤员时，不论哪种情况，都应减少途中的颠簸，也不得随意翻动伤员；迅速止血，包扎伤口；若伤员有断肢情况发生尽量用干净的干布(灭菌敷料)包裹装入塑料袋内，随伤员一起转送；持续进行急救(决不放弃)，直到专业人员到达	车间应急人员
警戒	根据事故位置，划定警戒范围，禁止无关人员与车辆进入	车间应急人员
接应救援	确认消防通道畅通，接应医疗车辆及外部应急救援力量	车间应急人员

表3-22　成型机组作业过程中人员烫伤应急处置方案

步骤	处　置	负责人
事件风险分析	1. 事件发生原因 （1）人员违章作业 （2）监护人不在现场 （3）高温防护设施损坏 2. 事件危害 人员烫亡	
发现异常	××在作业过程中触碰高温部位发生肢体烫伤	现场发现第一人
现场确认、报告	向班长报告：××被××烫伤及烫伤情况。班长现场确认，并向车间值班干部和厂应急指挥中心办公室报告	现场发现第一人 当班班长 车间值班干部

续表

步骤	处　置	负 责 人
报警	向救援机构报警(事发地点、伤员受伤情况)	车间值班干部 当班班长
应急程序启动	通知其他岗位人员救援，并通知车间负责人	车间值班干部
人员抢救	对现场受伤人员进行必要的应急处理。迅速将伤员脱离危险场地，移至安全地带；在抢救伤员时，不论哪种情况，都应减少途中的颠簸，也不得随意翻动伤员；迅速止血，包扎伤口；持续进行急救(决不放弃)，直到专业人员到达	车间应急人员
警戒	根据事故位置，划定警戒范围，禁止无关人员与车辆进入	车间应急人员
接应救援	确认消防通道畅通，接应医疗车辆及外部应急救援力量	车间应急人员

6. 拓展知识阅读推荐

《大型硫黄回收装置中成型机的选用》，作者：白岩，《石油化工设备技术》2011 年 5 月。

第四单元　包装单元的操作

本单元主要介绍包装单元主要工艺过程、设备、操作。本车间共有 2 条包装码垛生产线。包装单元使用大量光电开关、接近开关、磁环开关、压力开关提供监控信号，由 PLC（可编程逻辑控制器）控制气缸和电机，驱动各个部件，自动完成物料称重、取袋、装袋、缝口、金属检测、重量检测、拣选、喷码等工序。本单元分为 6 个模块，分别为：(1)包装单元简介；(2)除尘系统检查及操作；(3)称重系统的检查及操作；(4)包装机的检查及操作；(5)缝口机的检查及操作；(6)拣选机的检查及操作。

模块一　包装单元简介

项目一　工艺过程简介

说明：整体工艺可分为三部分，即硫黄颗粒工艺过程、包装袋工艺过程、料袋工艺过程。

1. 硫黄颗粒的工艺过程

如图 4-1，硫黄颗粒进入料仓，靠重力通过插板阀后进入储料斗，再进入电子称重机（简称电子秤）进行额定称重，称重后的定量物料经卸料斗进入装袋机。

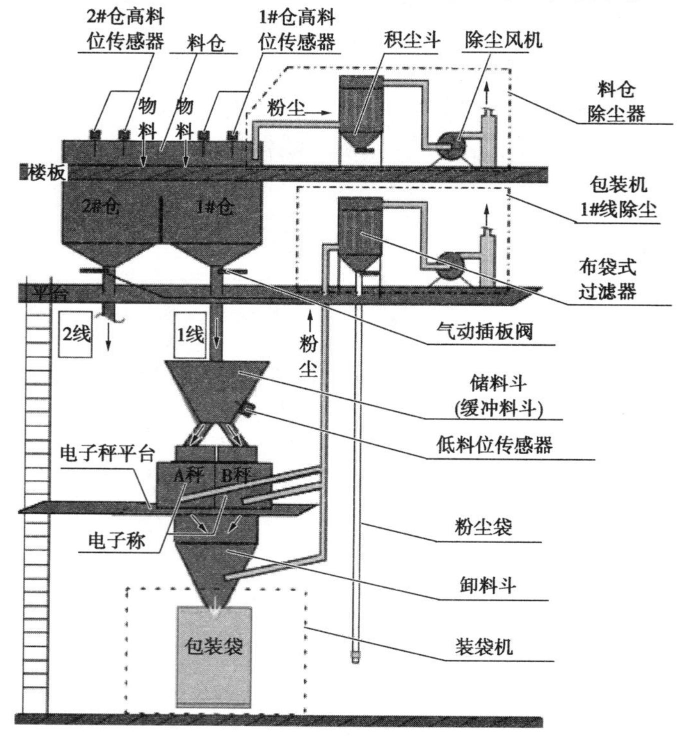

图 4-1　硫黄颗粒工艺过程示意图

2. 包装袋的工艺过程

(1) 取袋、立袋。

如图 4-2(a)，包装袋摆放供袋盘上，由取袋吸盘吸起底边，依次送至①、②位置，在滚筒作用下包装袋到达③位，贴在斜板上，抓袋吸盘先贴近斜板，吸起包装袋，然后回到直立④位，完成立袋工序。

(2) 包装袋横动。

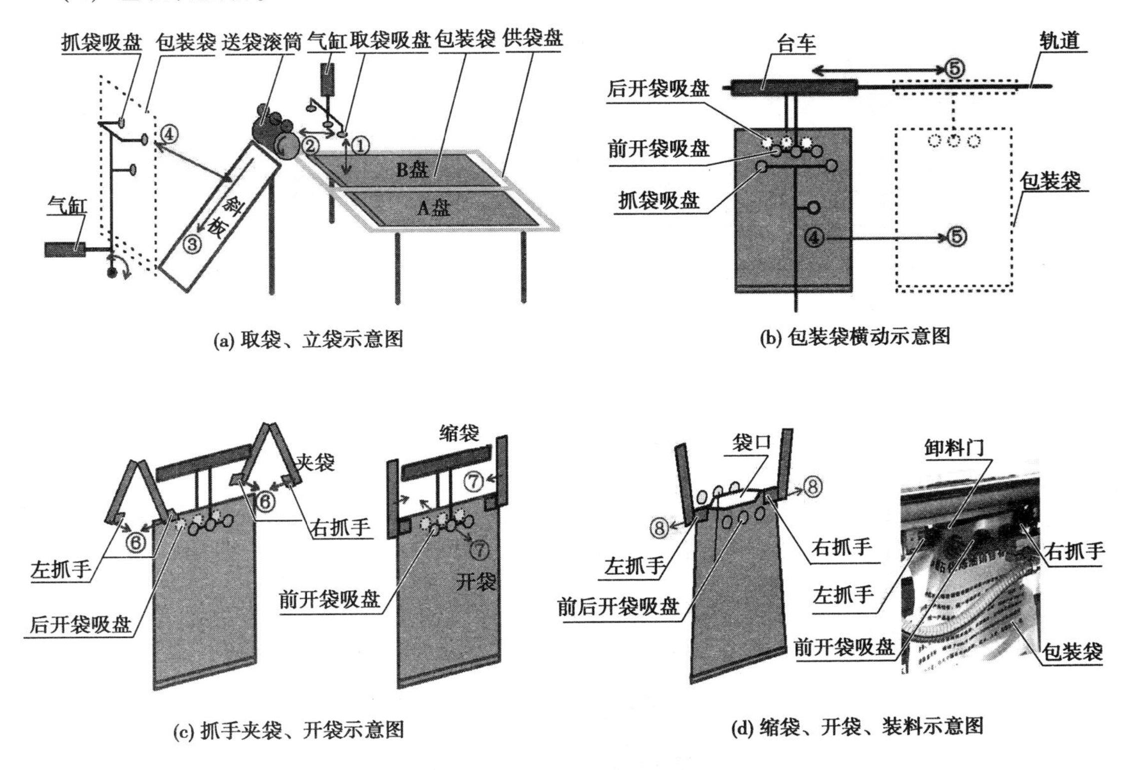

图 4-2 包装袋工艺过程示意图

如图 4-2(b)，在包装袋前后各有 3 个开袋吸盘，两两对应，可以完成夹持和开袋动作。台车牵引开袋吸盘先向左横动，到达立袋④位，前后吸盘合拢并吸气，包装袋被夹持住，抓袋吸盘释放。台车将包装袋向右横动到达⑤位，此时袋口位于卸料门正下方。

(3) 抓手夹袋。

如图 4-2(c)，2 对抓手合拢至⑥位，夹住袋口两端。因为抓手的力量强大，故它可以承受物料下落的冲击力，而不会使料袋掉落。

(4) 缩袋、开袋、装袋。

如图 4-2(c)，左右抓手向袋口中心收缩，同时前后开袋吸盘反向分离到⑦位，缩袋、开袋同时完成。如图 4-2(d)，袋口上方的卸料门打开，同时插入袋口，物料经过卸料门装入袋中。

开袋吸盘随台车回到④位等待下一个包装袋。左右抓手向⑧所示方向分离，从而拉紧袋口。最后装满的料袋由抱夹送到夹口整形机，一袋硫黄的装袋工序完成。

3. 料袋工艺过程

如图 4-3，装完物料的料袋由台车带动，送到立袋输送机上，依次进入夹口整形机、袋口折边机、缝纫机、倒袋机、压平整形机，再经过金属检测机和重量复检秤的检测(如有不合格料袋会被拣选机排出生产线)，最后合格的料袋通过喷码机时被打印上批号。一袋产品完成了包装单元工艺过程，将送去码垛生产线。

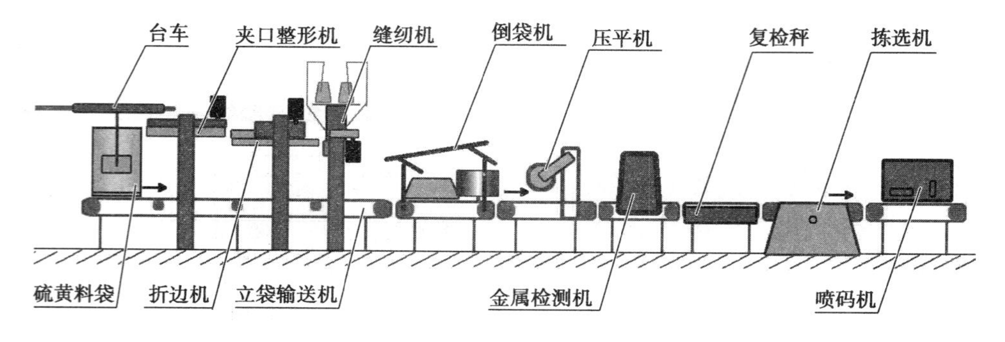

图 4-3　料袋工艺过程示意图

项目二　包装单元的操作界面

在控制柜正门上装有 2 块操作面板、两块触摸液晶屏、两个电子秤控制器，在夹口整形机旁的立柱上装有 1 个控制箱，在缝纫机侧面装有一个控制盒。

1. 操作面板 1

如图 4-4，该面板在控制柜正门右侧，可以开关插板阀，启停除尘器。

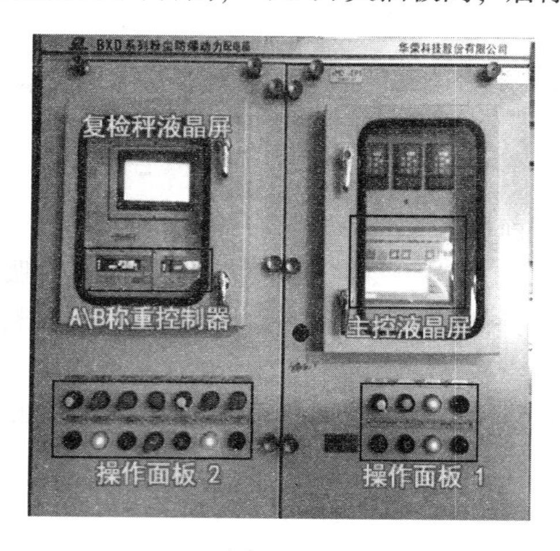

图 4-4　操作面板 1

2. 操作面板 2

如图 4-5，该面板在控制柜正门左侧，设有 A 秤和 B 秤的控制开关，可以启用或停用某一台秤，有超差卸料按钮，启用或停用低料位联锁。

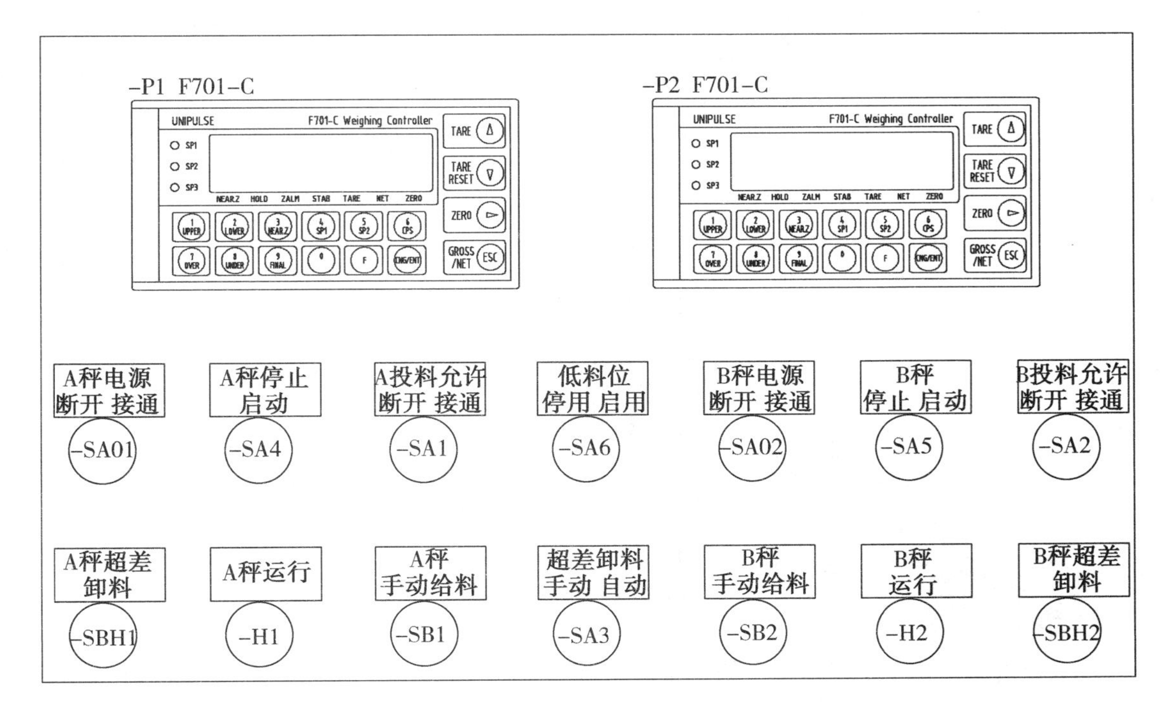

图 4-5　操作面板 2 和称重控制器

3. 操作箱

如图 4-6，操作箱安装在夹口整形机立柱上，设有启动、停止包装机按钮，故障复位按钮、手动抱夹按钮、手动料门按钮、秤联锁开关以及急停开关。

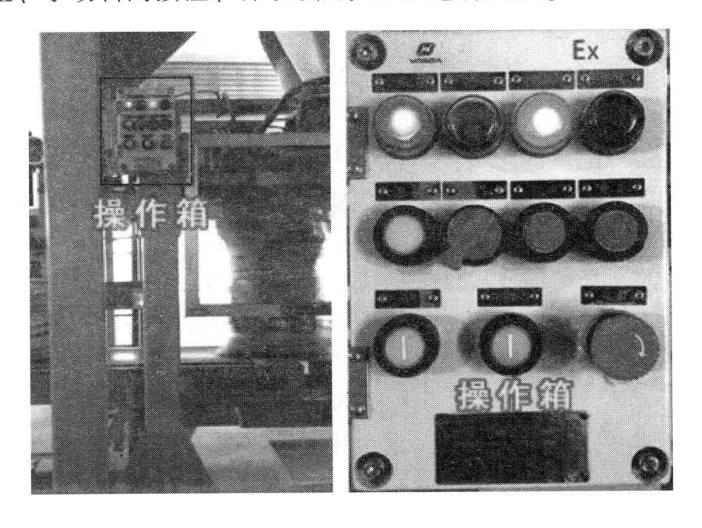

图 4-6　操作箱

4. 操作盒

如图 4-7、图 4-8，操作盒在缝纫机左侧，设有手动释放、停机按钮、输送机正反向运转开关。

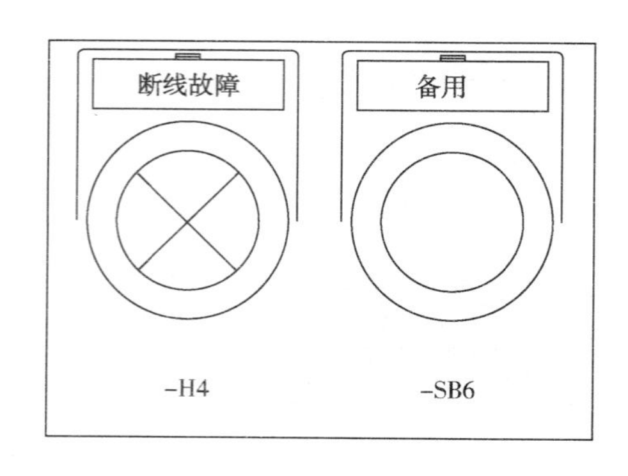

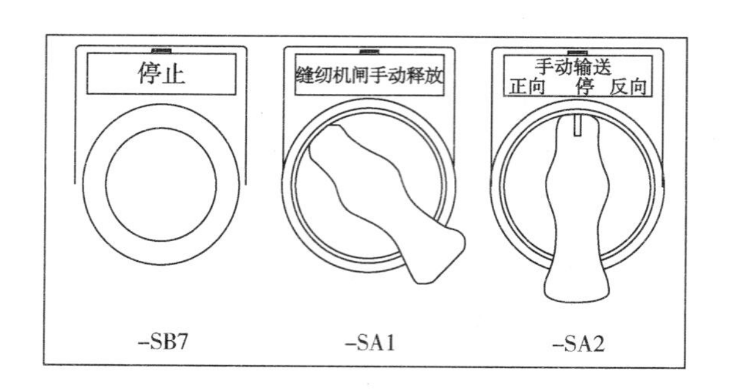

图 4-7 缝纫机处操作盒示意图

图 4-8 操作盒

5. 液晶屏

如图 4-4，在控制柜正门右侧有一块液晶显示屏，用手指触摸屏幕，可以查看设备运行状态、修改运行参数、手动控制单个部件动作。

6. A/B 称重控制器

如图 4-5，对于电子秤的 A 秤和 B 秤，各有一个独立的称重控制器。控制器有荧光数码显示屏，可以显示称重重量、运行参数等。控制器有薄膜键盘，可以通过键盘输入，查看、修改电子秤各项参数。

7. 复检秤控制器

如图 4-4，该控制器带有触摸液晶屏，可以显示复检秤工作状态，可以查看、修改各项参数。

项目三 包装单元安全注意事项

（1）装袋机和供袋机围成的区域：本区域内气缸动作较多，动作速度快，产生的冲力较大，设备运行过程中，或故障停机状态下，严禁进入此区域。若有进入需要，必须按动操作盘上的“停止”或“急停”按钮，确保断电、断气，方可进入。

（2）包装生产线的送袋滚筒、皮带输送机、缝纫机、压平机、拣选机等设备，身体和衣物比较容易触及，易卷入机器造成伤害事故。因此操作时要严格遵守操作规程，劳保齐全，长发盘起，不戴饰物，并且保持安全距离。

（3）各种报警、信号、联锁、安全保险装置等要经常和定期进行检查，保持灵活好用。

（4）本单元禁止烟火，注意防静电，注意开启排风扇，避免发生粉尘爆炸。

（5）注意检查消防器材齐全好用，做好防火工作。进行电器灭火时应切断电源。

（6）注意用电安全，避免发生人身触电事故。

（7）避免发生机械伤害。

（8）避免叉车造成的机动车辆伤害。

（9）避免发生高处坠落事故。

项目四 事故处理预案

1. 包装码垛系统事故处理

事故：

（1）传送带开裂等重大设备故障。

（2）机器发生异常，危及包装码垛机安全运行。

（3）人员伤害。

处理方法：

（1）在紧急情况下，就近按下相应位置的急停开关，系统立即转入紧急停车状态。

（2）立即拨打急救电话，采取相应急救措施，保持伤员周围通风。

（3）切换备用包装码垛线。

（4）保护现场，控制柜上挂禁动牌，汇报调度，联系维保车间进行维修。

2. 异常停电处理

事故：

（1）整条包装码垛线停运。

（2）现场照明灯全部熄灭。

处理方法：

（1）迅速汇报调度，联系维保处理。

（2）停止向供袋机供送料袋。

（3）通知成型装置停止卸料。

（4）挂停电牌。

3. 装置停仪表风处理

事故：

（1）仪表风流量指示下降，仪表风压力低报警。

（2）吸袋器与抓袋器抓不住袋子。

（3）取袋开袋夹无法将袋子吸住并打开。

处理方法：

（1）通知调度和主管技术人员。

（2）将仪表风改为副线。

（3）询问调度停风原因、时间。

（4）如长时间停风，按正常停机处理。

（5）来风后恢复生产。

操作箱按钮指示灯功能和操作盒按钮开关功能分别见表4–1、表4–2。

表4–1 操作箱按钮指示灯功能

名称	类 别	功 能
控制电源	指示灯，红色	当钥匙开关接通时点亮
备用	指示灯，黄色	备用
运行	指示灯，绿色	当包装机处于自动运行状态时点亮，反之熄灭

续表

名称	类　别	功　　能
故障	指示灯，红色	当系统出现故障时，故障指示灯亮，提示操作人员查找并处理故障
复位	按钮开关，黑色	在系统停止状态，按下该按钮，可使变频器的普通故障复位；清除可复位的故障报警
秤联锁断开/接通	选择开关	当开关选择至“接通”位时，包装控制系统向定量秤发出允许卸料信号，定量秤称重完成将物料投入包装袋，方进行下一次的循环动作；当开关选择至“断开”位时，包装机将不会发出允许卸料信号，按照设定时间重复取袋、抓袋、装袋动作循环
启动	按钮开关，绿色	用于启动包装机进入自动运行状态
停止	按钮开关，红色	用于将包装机从自动运行状态转为停止状态
手动抱夹	按钮开关，黑色	在系统停止状态下，按下该按钮，可使抱夹张开，便于系统调试及故障排除；包装处于运行状态时，该按钮不起作用
手动料门	按钮开关，黑色	在系统停止状态下，按住该按钮，可使料门打开，放开该按钮，料门关闭；包装处于运行状态时，该按钮不起作用
急停	按钮开关，红色蘑菇头按钮，常闭，带自锁，与钥匙开关、中间继电器共同构成急停回路	当系统出现意外紧急情况时使用，正常时应处于释放状态。按下时锁定，断开PLC输出模块的交流和直流电源，旋转释放后再次接通

表4-2　操作盒按钮开关功能

名　称	种　类	功　能
断线故障	指示灯，红色	当缝纫机发生断线或线用尽时，灯亮
备用	按钮，绿色	备用
停止	按钮，红色	此按钮功能与操作面板上的“停止”按钮相同
缝纫机闸手动释放	选择开关	用于在包装机停止状态下将缝纫机电机的制动器释放，便于穿线及维修等操作。该开关处于释放位置(指向右侧)时，包装机将不能自动运行或手动输送；若在包装机运行时将此开关拨至释放位置，则包装机停止运行；若发生断线故障，可通过此开关复位
手动输送正向/停/反向	三位选择开关	该开关由停止位拨至正向时，启动输送机正向运行，在包装机停止状态下将料袋送到码垛机；该开关由停止位拨至反向时，将启动输送机反向运行，便于发生故障(如袋口堵挤)时，将料袋反向送出。该开关未处于停止位时，包装机不能进入自动运行状态，包装机自动运行时，将该开关拨离停止位，将使包装停止自动运行

模块二　除尘系统检查及操作

说明：除尘器用于回收工艺过程中出现的粉尘，两条包装单元各装有1套除尘器，可以对称重及装袋过程中设备内部出现的粉尘进行吸除和收集。结构特点：如图4-9所示，除尘器采用布袋式过滤器，过滤面积大，除尘效率高，带自动喷吹清灰装置，过滤出的粉尘落入积尘斗，再由人工清出设备。除尘效率：>99%，过滤面积：9.42m^2，过滤精度：5μm。

图 4-9 除尘器

项目一 除尘系统的检查

1. 工作任务(目的)

保证除尘系统运转正常，除尘效果良好，及时发现系统出现的问题。

2. 常用工具

毛刷、抹布、撮箕、活动扳手。

3. 检查流程

检查前准备：

(1) 穿戴劳保服装，主要包括工衣、工鞋、安全帽、手套、防尘眼镜、防尘口罩、耳塞。

(2) 打开包装机控制柜电源开关，启动除尘系统。布袋式过滤器见图 4-10。

(a) 布袋式过滤器

(b) 过滤器顶部和喷吹管线(除尘器内)

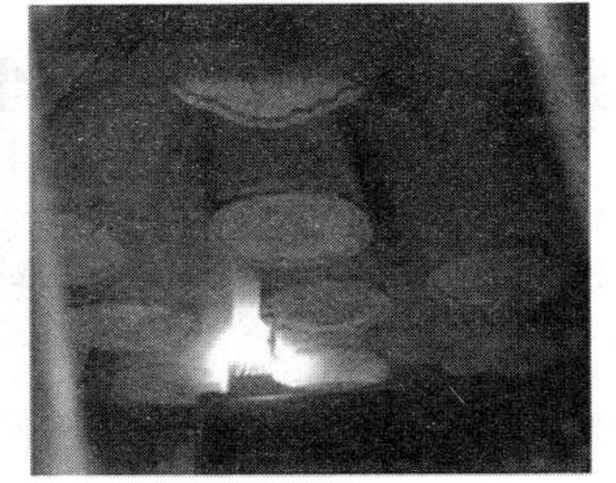
(c)过滤器底部(除尘器内)

图 4-10 布袋式过滤器

检查规范步骤：

(1) 检查仪表风压力表，应指示准确，仪表风阀门保持全开。

(2) 检查积尘斗下方布袋外观，连接牢固，无破损，无泄漏。

（3）检查积尘斗底部的插板应完全打开。

（4）观察连接螺栓、固定螺栓外观，有无松动、锈蚀，必要时用活动扳手试紧一下螺丝，看看有无松动。

（5）检查电机、风机运转是否平稳，温度是否过高，有无异常声响。

（6）检查自动喷吹清灰系统是否正常工作，气路无损坏、泄漏，电磁阀应有脉冲气流声。

（7）检查 A 秤、B 秤、卸料斗的除尘吸入口风门开度是否正常。

（8）检查布袋内粉尘是否过多。

检查要点和质量标准：除尘系统的检查项目和质量标准见表 4-3。

表 4-3 除尘系统的检查项目和质量标准

序号	检查项目	标准	主要危害及后果
1	集尘袋	集尘袋内粉尘量不宜过多、过重	布袋在较大的重量下会加速破损
2	吸尘入口风门	三个吸尘入口风门开度不宜过大	开度过大，会增加称重误差，还会引起袋口被吸入卸料门，造成频繁撒料
3	压力表	仪表风压力应在 0.5～0.7MPa 之间	低于 0.5MPa，影响设备正常运转，高于 0.7MPa 降低气缸使用寿命
4	电机	运转平稳，温度正常，无异常声响	电机损坏，设备不能运转
5	风机	运转平稳，无异常声响	运转抖动明显，声音异常，风机损坏，设备不能运转
6	自动喷吹清灰系统	气路无损坏、泄漏，电磁阀应有脉冲气流声	不能自动清灰，影响除尘器除尘效果

4. 安全注意事项

（1）登爬梯时注意安全，防止跌落。

（2）因除尘系统带有大量粉尘，所以必须戴口罩或全面罩操作。

（3）操作人员注意防静电，防金属撞击产生火花。

项目二　清理布袋内粉尘

1. 工作任务(目的)

及时清空布袋内的积尘，避免布袋承重过大，加速老化破损。

2. 常用工具

橡胶锤、编织袋、电子台秤。

3. 操作流程

（1）经爬梯上到除尘器平台，用橡胶锤敲击除尘器积尘斗，把内部粉尘震落到底部集尘袋中。

（2）将一个包装袋打开袋口，放置在除尘器粉尘袋下方。

（3）将粉尘袋底部解开，握紧开口放入包装袋内。

（4）松开粉尘袋袋口，轻轻抖动，让粉尘缓慢滑落到包装袋中。

（5）系上集尘袋袋口，继续收集除尘器内下落的粉尘。

（6）对编织袋内的粉尘称重、记录。

（7）当收满一袋后，用手动缝纫机缝口，送到仓库专门区域存放。

项目三 除尘器的启停

1. 工作任务

启动或停止包装单元除尘器。

2. 操作流程

（1）电气柜送电，等待控制系统进入正常工作状态。

（2）按下操作面板1上的“除尘启动”按钮，听到风机正常运转声音，则除尘风机启动完成。

（3）按下操作面板1上的“除尘停止”按钮，听到风机运转声音逐渐消失，则除尘风机停机完成。

3. 注意事项

（1）除尘器不能启动，或者运转声音不正常时，不得启动包装单元。

（2）先停止物料包装，延迟数分钟后停除尘器，彻底吸除设备内部飘浮粉尘。

（3）每班用橡胶锤敲击积尘斗，使除尘器内收集的粉尘尽可能落入粉尘袋，避免内部发生堵塞。

模块三 称重系统的检查及操作

说明：每条包装生产线均有一套电子秤，位于包装机上方的小平台上，能够称出额定重量的物料用于装袋，并保证每袋产品净重在50.20±0.2kg。一套电子秤最大称重能力为每小时1000袋。

称重系统结构特点：

（1）电子秤是A、B双秤结构形式，如图4-11。

（2）A、B秤同时启用时，同时进料交替卸料，包装速度快。也可以单独启用A秤或B秤。

图4-11 电子秤

（3）进料机构可实现粗给料和精给料，进料控制平稳、迅速、精度高。如图 4-12。

（4）双斜卸料闸门开启和关闭灵活。

（5）称重控制器带有荧光数码显示屏和薄膜键盘，可以显示运行状态，可由用户设定参数，如零点标定、称重目标值等。

(a) 粗给料

(b) 精给料

(c) 停止给料

图 4-12　电子秤给料门状态

项目一　称重系统的检查

1. 工作任务(目的)

保证电子秤可以正常启动，正常称重，料袋重量在额定范围。

2. 常用工具

橡胶锤、毛刷、活动扳手。

3. 检查流程

检查前准备：

（1）穿戴劳保服装，主要包括工衣、工鞋、安全帽、手套、防尘眼镜、防尘口罩、耳塞。

（2）打开控制柜电源，缓慢打开仪表风阀门。

操作规范步骤：

（1）观察气源三联件上仪表风压力表，读数应在 0.5~0.7MPa。

（2）观察检查仪表风管道及附件不应有损坏、变形。

（3）通过听觉和触觉检查气路，不应存在漏气，必要时用肥皂水试漏。

（4）观察电缆表皮有无老化、破损、变色，按钮、开关完好。

（5）检查各连接应牢固，没有松动，没有粉尘泄漏。

（6）检查称重控制器是否显示正常。

（7）检查电子秤无料时显示值是否归零，满秤时的指示值是否为 50.20±0.2kg。

4. 检查要点和质量标准

称重系统的检查项目和质量标准见表 4-4。

表 4-4　称重系统的检查项目和质量标准

序号	检查项目	标准	主要危害及后果
1	仪表风管道及附件	观察各金属管、塑料软管、接头、阀门不应有损坏、变形	造成仪表风气量不足，设备不能正常运转

续表

序号	检查项目	标准	主要危害及后果
2	气路试漏	通过听觉和触觉检查气路，无漏气，必要时用肥皂水试漏	发生泄漏造成仪表风压力不足，设备不能正常运转，浪费气源
3	压力表	仪表风压力应在 0.5～0.7MPa 之间	低于 0.5MPa，影响设备正常运转，高于 0.7MPa 降低气缸使用寿命
4	称重控制器	称重控制器显示正常重量，称重值准确	控制器不工作，或称重不准确，电子秤不能正常工作，料袋重量不合格，设备停止运转
5	物料通道	下料顺利，无堵塞	发生堵塞物料不能进秤，设备不能运转

5. 安全注意事项

对于电子秤周围的检查，需要通过爬梯到电子秤平台，注意避免发生高处坠落事故。

项目二　A、B 秤启用停用

1. 工作任务(目的)

启用、停用电子秤，可以同时启用 2 台秤，也可以单独启用任意 1 台。

2. 操作流程

操作前准备

穿戴劳保服装，主要包括工衣、工鞋、安全帽、手套、防尘眼镜、防尘口罩、耳塞。

操作步骤

(1) 将操作面板 2(见图 4-13)中的“A 秤停止启动”旋钮开关向右旋到“启用”位置，将“A 投料允许断开接通”旋钮开关也向右旋到“接通”位置，则 A 秤启用完成。

(2) 将上一步中的开关反向旋转，则 A 秤停用。

(3) B 秤的启用、停用与 A 秤操作相同。

(4) A 秤、B 秤可以单独启用，单独投料；也可以同时启用，此时 A 秤、B 秤交替投料。

(5) 通常“超差卸料手动自动”开关打到“自动”位置。

(6) 通常“低料位启用停用”开关打到“启用”位置。

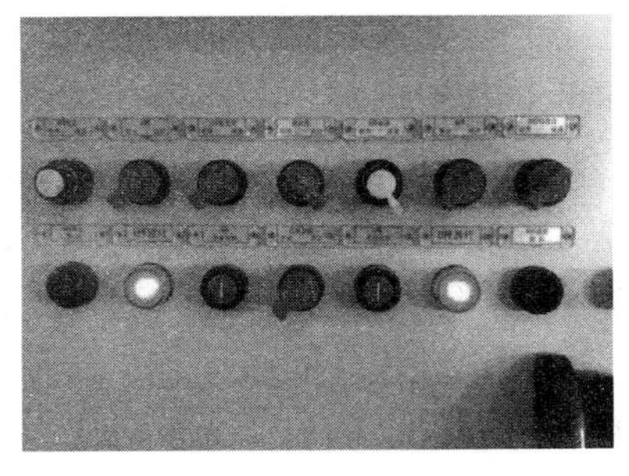

图 4-13　操作面板 2

项目三　设定称重目标值

1. 工作任务(目的)

料袋重量偏差超出允许范围时，可以通过改变电子秤的称重目标值，将料袋重量调整到额定 50.2±0.2kg 范围内(含包装袋重量 0.2kg)。

2. 操作流程

操作步骤：

(1) 停用一台秤，观察复检秤的料袋重量，找出称重超差的是 A 秤还是 B 秤，并单独停用该秤。

（2）根据复检秤指示的料袋重量，计算出误差值。例如料袋额定重量应为50.20kg，复检秤实际检测料袋重量为49.80kg，则该秤存在-0.40kg的称重误差。

（3）在对应“数码显示屏”的键盘上依次输入“9”→“CNG/ENT”，查看当前称重目标值，假设当前为50.10kg，那么就要加上0.40kg补偿误差。在键盘上用方向键“ZERO→”和数字键将称重目标值设为50.50kg，最后按“CNG/ENT”确认输入。

（4）单独启用该秤，观察复检秤检测出的料袋重量，应该增加到允许范围，则调整完毕。

（5）如果仍然超差，则重复设定步骤，直到合格。

项目四　电子秤不进料的处理

1. 工作任务(目的)

电子秤不进料，通常为下料通道堵塞，通过震动使物料正常下落，进入电子秤。

2. 操作流程

操作前准备：

（1）穿戴劳保服装，主要包括工衣、工鞋、安全帽、手套、防尘眼镜、防尘口罩、耳塞。

（2）准备相关操作工具：橡胶锤。

操作步骤：

（1）检查操作面板1，“插板阀开启”绿色指示灯是否亮起，如果不亮，说明料仓底部的插板阀没有打开，物料不能落下。按“插板阀开启”按钮，等待数秒绿灯亮起，说明插板阀已经打开。如果称重控制器的数码显示屏显示重量持续增加，说明物料正常落下。

（2）如果仍然不下料，则可能是插板阀处发生堵料，需要到除尘器平台，用橡胶锤敲击料仓底部，利用震动使物料落下，听到物料持续下落的声音，说明恢复正常。

（3）如果此时电子秤仍然不进料，则可能是储料斗到电子秤中间通道堵料，需要到电子秤平台，敲击储料斗和下方机壳，利用震动使物料下落。观察数码显示屏显示重量在持续增加，说明恢复正常。

（4）如果堵料仍然没有解决，打开称重机侧盖，露出电子秤给料门，让给料门处于粗给料状态，用橡胶锤轻轻震动给料门的挡板，震落物料。观察数码显示屏显示重量在持续增加，说明恢复正常。将侧盖装回原位。

（5）堵料仍然不能解决的话，则报修。

3. 安全注意事项

（1）上爬梯注意防止高处坠落。

（2）敲击时，注意避免人体发生物体打击伤害。

（3）避免橡胶锤落下伤人，或落入设备内造成故障。

模块四　包装机的检查及操作

图 4-14　包装机

说明：供袋机、取袋机、装袋机协调工作，把空料袋装入物料，通常把三者合称为包装机(见图 4-14)。包装机因气动元件多，传感器多，还有 3 套负压发生器及 4 组吸盘，使得整体结构复杂，机械动作复杂，调整难度较大，因此包装机的故障率较高，需要精心维护。

项目一　包装机的检查

1. 工作任务(目的)

保证包装机运转稳定、连续，降低吹袋、洒料概率。

2. 常用工具

手电、镊子、活动扳手。

3. 检查流程

检查前准备：

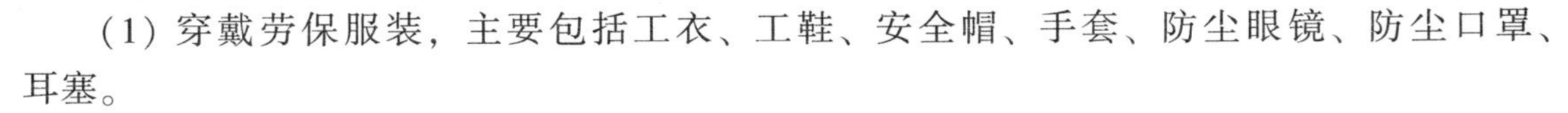

(1) 穿戴劳保服装，主要包括工衣、工鞋、安全帽、手套、防尘眼镜、防尘口罩、耳塞。

(2) 停机并按下急停按钮，关闭气源。

操作规范步骤：

(1) 观察气源三联件上仪表风压力表，压力应在 0.5~0.7MPa 之间，油雾器油杯内油量充足。

(2) 仪表风阀门保持全开。

(3) 通过观察检查仪表风管道及附件，不应有损坏、变形。

(4) 通过听觉和触觉检查气路，不应存在漏气，必要时用肥皂水试漏。

(5) 观察电缆表皮有无老化、破损、变色，按钮、开关完好。

(6) 检查各固定螺丝、连接螺丝应牢固，没有松动、脱落。

(7) 检查吸盘有无裂纹、缺损，有无堵塞。

(8) 检查 4 个真空过滤器，滤芯上不应有较多粉尘和杂物，3 个换向阀消音器表面不应有粉尘堵塞。

(9) 检查斜板下 2 个光电开关镜片应无灰尘影响光线发射。

(10) 检查接近开关，固定良好，感应间隙在 5 毫米左右。

(11) 检查主控液晶屏，显示正常，无报警。

4. 检查要点和质量标准

包装机的检查项目和质量标准见表 4-5。

表 4-5　包装机的检查项目和质量标准

序　号	检查项目	标　　准	主要危害及后果
1	仪表风管道及附件	观察各金属管、塑料软管、接头、阀门不应有损坏、变形	造成仪表风气量不足，设备不能正常运转
2	气路试漏	通过听觉和触觉检查气路，不应存在漏气，必要时用肥皂水试漏	发生泄漏，造成仪表风压力不足，设备不能正常运转，浪费气源
3	压力表	仪表风压力应在 0.5～0.7MPa 之间	低于 0.5MPa，影响设备正常运转，高于 0.7MPa 降低气缸使用寿命
4	电缆	观察电缆表皮无老化、破损、变色。	电缆破损、老化，会发生漏电，造成触电事故
5	按钮、开关	按钮、开关完好	按钮、开关损坏，设备不能正常操作
6	吸盘	吸盘有无裂纹、缺损，无堵塞	吸盘有裂纹、缺损，将影响吸力，无法正常吸袋，造成设备运转中断
7	真空过滤器	4 个真空过滤器，滤芯上不应有较多粉尘和杂物	滤芯堵塞，会使真空度不足，不能正常吸袋，造成设备运转中断
8	换向阀消音器	3 个换向阀消音器表面不应有粉尘堵塞	消音器堵塞，负压不能及时释放，引起供袋不正常或吹袋，造成设备运转中断
9	光电开关镜片	板下 2 个光电开关镜片应无灰尘，不能影响光线发射和接收	镜片有灰尘，光电开关不能正常感应包装袋，造成设备运转中断
10	接近开关	检查接近开关，固定良好，与目标物感应间隙在 5 毫米左右	接近开关位置活动，感应间隙过大，不能正常感应运行位置，引起设备动作偏差，造成设备运转中断，或设备损坏

5. 安全注意事项

（1）以上检查应在停机时进行，并按下操作箱上的“急停”按钮，避免设备运转造成人身伤害。

（2）不需要气源时，先关闭气源总阀，再进行检查，避免气缸动作造成人身伤害。

项目二　码放包装袋

1. 工作任务(目的)

把空包装袋码放到供袋盘上，为装袋机连续供应包装袋。

2. 常用工具

剪刀、推车。

3. 操作流程

操作前准备：

穿戴劳保服装，主要包括工衣、工鞋、安全帽、手套、防尘眼镜、防尘口罩、耳塞。

操作规范步骤：

（1）用推车把整包的包装袋从垛盘上运到装袋机旁边。

（2）用剪刀剪开外面的包裹织物，露出整摞包装袋，以便操作人员取用。用完把剩余的包裹织物、捆扎绳子收集到一个垃圾袋中。

（3）抓起一摞包装袋，整齐码放到供袋机供袋盘 A 或 B 上，让袋口朝外，底边贴住前挡板。

（4）当某一侧供袋盘上的包装袋用完后，供袋机自动切换到另一个供袋盘，再取新袋子码放到该盘上备用，等待供袋机下一次切换。

操作要点及质量标准：

（1）袋口朝外摆放。

（2）袋口或袋子底部严重变形的不要使用，避免洒料。

（3）袋子破损的不得使用。

（4）袋子码放厚度不得高于送袋滚筒底部。

4. 安全注意事项

供袋盘区域刷有黄色油漆，属于禁入区域，开机时，身体不得进入，避免供袋盘切换时，设备移动挤压人体，造成伤害。

项目三　清洁、更换过滤器滤芯

1. 工作任务（目的）

取出 4 个过滤器的滤芯，清除粉尘、杂物，保证滤芯过滤和通气性能。

2. 常用工具

吹尘枪。

3. 操作流程

操作前准备：穿戴劳保服装，主要包括工衣、工鞋、安全帽、手套、防尘眼镜、防尘口罩、耳塞。检查吹尘枪可以送出仪表风。

操作规范步骤：

（1）关闭真空发生器气源。

（2）拧下过滤器玻璃罩下面的花型螺母，取下玻璃罩。

（3）拧下滤芯底部的螺母，取下滤芯及橡胶垫片。

（4）将 2 个螺母、垫片和玻璃罩存放妥当。

（5）用吹尘枪先从滤芯内部向外吹扫滤芯外表面的粉尘。

（6）再直接对滤芯外表面吹扫，直到无明显灰尘出现。

（7）按照拆除时的相反顺序把滤芯装回过滤器中。

（8）经彻底吹扫仍然不能正常吸袋时，可以更换新的滤芯。

操作要点及质量标准：

（1）上紧螺丝用力适度，不宜过紧，避免损坏滤芯和密封垫。

（2）滤芯、橡胶垫片和玻璃罩要安装到位，避免歪斜，影响过滤效果。

4. 安全注意事项

（1）操作之前应停机。

（2）开袋过滤器位置较高，需要站在供袋盘上拆卸，操作时应避免跌倒受伤。

项目四 启停包装机

1. 工作任务(目的)

按规程启动、停止包装机。

2. 操作流程

操作前准备：

（1）缓慢打开各仪表风阀门，使气压达到正常工作值。

（2）按照从后到前的原则，应当先启动码垛机，再启动包装机。

（3）打开包装机电源开关，该开关在控制柜右侧上方。等待控制系统进入待机状态。

（4）检查液晶屏无报警信息，“码垛联锁”“称重联锁”功能已选中。

（5）操作盒上“缝纫机闸手动释放”开关指向左侧。

（6）操作箱上的“秤联锁断开/接通”开关指向接通。

（7）操作箱上的“急停”按钮开关，处于释放状态。

（8）玻璃防护屏应关闭锁上。

（9）供袋盘上备有足够的包装袋。

操作规范步骤：

（1）在“操作面板1”上按下“插板阀开”按钮，待绿色指示灯亮起，说明料仓插板阀已打开。

（2）在“操作面板1”上按下“除尘启动”按钮，绿色“除尘运行”指示灯亮起，并且听到上方有风机运行声，说明除尘器已启动。

（3）点击主控触摸屏“自动运行”按钮，控制系统进入自动运行画面。

（4）在操作面板2上，启用电子秤。

（5）按下操作箱上绿色“启动”按钮，声光报警器发出报警声光，包装机开始正常工作，启动完成，包装机自动进行物料装袋工序。

（6）包装机停机时，先关闭料仓插板阀。

（7）待储料斗包空时，停用2台电子秤。

（8）待料袋全部输送到码垛机后，按操作箱上的“停机”按钮让包装机停止工作。

（9）然后等待数分钟，待设备内部粉尘基本吸除干净，就可以按操作面板1上的“除尘停止”按钮，将除尘器停止。

（10）最后关闭气源阀门，关机结束。

（11）停机时间不长的话不需要关闭控制柜电源开关；如果停机超过一周，可以关闭控制柜上的电源开关。

3. 安全注意事项

（1）设备运转区域无操作人员才能开机。

（2）开袋真空过滤器位置较高，需要站在供袋盘上拆卸，操作时应避免跌落受伤。

（3）当包装袋掉落在包装机内，不得直接用手拣出，必须用长柄夹把包装袋拣出来，必要时可以停机再拣包装袋。

(4) 机器运作出现异常时，应立即停机检查。

(5) 供袋盘及其他有黄色油漆的范围内都属于禁入区域，开机时，身体不得进入，避免设备移动挤压、撞击人体，造成伤害。

模块五　缝口机的检查及操作

说明：如图 4-15，缝口机采用一台纽龙牌 DS-9 型缝纫机。

主要特点如下：

(1) 使用一根上线，一根底线。

(2) 2 根线都绕过断线检测盘 2~3 圈。

(3) 检测盘不转，接近开关无信号输出，控制系统判断为断线故障，让包装机停机并报警，避免料袋未经缝口就倒袋漏料。

(4) 带有气动断线刀具，可自动切断尾线。

(5) 用 2 个光电开关接收料袋反射光线，自动判断缝口启动和停止时间。

(6) 整体高度调节方便，可以适应不同料袋的高度变化。

图 4-15　缝纫机

项目一　缝纫机的检查

1. 工作任务(目的)

保证缝纫机正常缝口，不会造成料袋漏料。

2. 常用工具

剪刀、镊子、手电。

3. 检查流程

检查前准备：

(1) 穿戴劳保服装，主要包括工衣、工鞋、安全帽、手套、防尘眼镜、防尘口罩、耳塞。

(2) 检查确认缝纫机不会自动启动。

检查规范步骤：

(1) 观察机油视窗，检查机油液位不超出最高和最低刻度线，机油颜色不应发黑。

(2) 检查 2 根缝线穿线应该正确。

(3) 检查缝针应当完好，无弯曲、磨损。

(4) 检查光电开关，能感应物体反射光时，指示灯亮起。

(5) 断电后，拉动缝纫机皮带，不应松弛。

(6) 检查 2 卷缝线应完好，安放稳定。

(7) 转动 2 个断线检测盘，应当灵活无明显阻力。

4. 检查要点和质量标准

缝纫机的检查项目和质量标准见表4-6。

表4-6 缝纫机的检查项目和质量标准

序号	检查项目	标准	主要危害及后果
1	仪表风管道及附件	观察各金属管、塑料软管、接头、阀门不应有损坏、变形	造成仪表风气量不足，设备不能正常运转
2	气路试漏	通过听觉和触觉检查气路，不应存在漏气，必要时用肥皂水试漏	发生泄漏造成仪表风压力不足，设备不能正常运转，浪费气源
3	压力表	仪表风压力应在0.5～0.7MPa之间	低于0.5MPa，影响设备正常运转，高于0.7MPa降低气缸使用寿命
4	机油	观察机油视窗，检查机油液位不超出最高和最低刻度线，机油颜色不应发黑	机油量不足或过多，机油变质，都会增加缝纫机故障率，影响使用寿命
5	缝线	2根缝线穿线应该正确	穿线错误，会发生频繁断线，或断线检测盘误报警，造成设备运转中断
6	光电开关	2个光电开关，能感应物体反射光时，指示灯亮起	光电故障，不能感应料袋，则不能控制缝纫机启动和停止，引起缝口出错，造成设备运转中断或洒料
7	断线检测盘	转动2个断线检测盘，应当灵活无明显阻力	检测盘转动不灵活，引起断线误报警，造成设备运转中断

5. 安全注意事项

检查时可将操作盒上“缝纫机闸手动释放”开关打到释放位置，即指向右边，避免缝纫机意外启动，缝针、断线道具等对人体造成伤害。

项目二 缝纫机穿线

1. 工作任务(目的)

让针线和钩针线正确穿过每个零件，保证缝纫机缝口正常，不断线。

2. 常用工具

剪刀、镊子。

3. 操作流程

操作前准备：此项操作不适合戴手套进行，但要穿戴劳保服装，主要包括工衣、工鞋、安全帽、防尘口罩。

操作规范步骤：

(1) 将操作盒上“缝纫机闸手动释放”开关打到释放位置，即指向右边，避免缝纫机自动运行。

（2）转动皮带轮，让两针针眼露出在便于穿针的位置。

（3）先让两根线在各自的断线检测轮上绕2~3圈。

（4）如图4-16所示，左边是上线，右边是底线，按照图示序号从小到大的顺序穿线即可。

（5）穿底线需要先打开两个小盖板，穿好线再将盖板盖好。

4. 安全注意事项

穿线时注意缝针和切刀伤到手指。

图4-16 缝纫机穿线顺序

项目三 人工缝口

1. 工作任务（目的）

当出现缝纫机断线、缝纫机光电检测失败、折边倾斜等异常情况时，需要人工缝口操作，避免料袋漏料。

2. 常用工具

剪刀、手持缝纫机。

3. 检查流程

操作前准备：

（1）手持缝纫机完好，穿好线，余线充足，电源接通。

（2）检查电缆、电机完好，不漏电。

操作步骤：

（1）及时发现缝纫机缝口失败，避免未缝口的料袋倒袋后洒料。

（2）缝口失败，缝纫机没有停机报警时，及时手动按下操作盒上的“停机”按钮，让包装机停止运行，料袋不能送到倒袋机处。

（3）将操作盒上“手动输送”开关打到“正向”位置，让输送机前进，当料袋旁边没有障碍时，再将开关打到“停止”位置，便于进行手动缝口操作。

（4）对料袋手工折边。

（5）用手持缝纫机对料袋进行缝口，两头要留下足够的尾线。

（6）缝口检查无误后，可以启动包装机，继续生产。

（7）必要时可以将料袋从倒袋机斜坡上撤下输送机，在地面进行手工缝口，完成后再将料袋从斜坡送回输送机。

4. 安全注意事项

（1）操作手持缝纫机，以及穿线时，注意避免被缝针刺伤手。

（2）缝纫机为用电设备，必须具有防爆性能。

（3）使用之前必须检查电缆和电机是否完好，避免漏电伤人。

模块六　拣选机的检查及操作

说明：拣选机由输送机构和拣选机构组成，各由1台电机驱动，均为链条传动。如图4-17，当料袋合格，拣选机构不工作料袋被输送辊送去码垛。当金属检测或重量检测不合格时，等料袋运到达拣选机，输送辊停止运转，气缸推动皮带架从①位升起到②位，皮带把料袋抬高离开输送辊，同时皮带电机启动，驱动皮带轮转动，皮带将料袋向侧方推到下线斜板，剔除完成。金属检测不合格的料袋，被剔除到输送机右侧。重量检测不合格的料袋被剔除到输送机的左侧。两侧斜板上均装有光电开关，当剔除料袋堆积过多挡住光电开关时，包装机将报警停机，避免正常输送通道被堵塞。

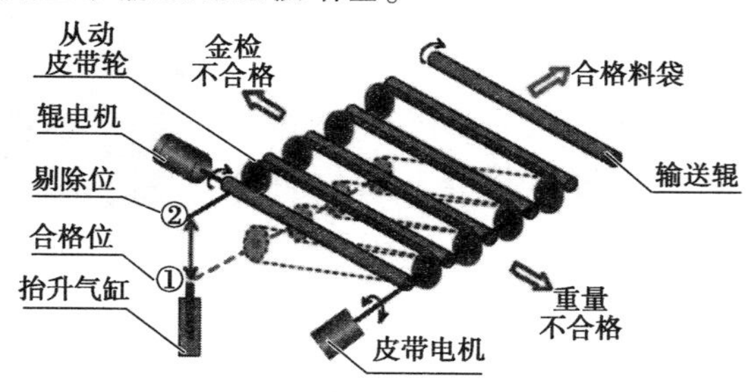

图4-17　拣选机

项目一　拣选机的检查

1. 工作任务(目的)

保证拣选机正常运转，能够剔除不合格料袋。

2. 常用工具

手电、活动扳手、抹布。

3. 检查流程

检查前准备：

(1) 穿戴劳保服装，主要包括工衣、工鞋、安全帽、手套、防尘眼镜、防尘口罩、耳塞。

(2) 开机，不投料运转，便于发现问题。

检查规范步骤：

(1) 观察仪表风压力表，压力应在0.5~0.7MPa之间。

(2) 仪表风阀门保持全开。

(3) 通过观察检查仪表风管道及附件不应有损坏、变形。

(4) 通过听觉和触觉检查气路，不应存在漏气，必要时用肥皂水试漏。

(5) 观察电缆表皮有无老化、破损、变色，按钮、开关完好。

(6) 检查2台电机运转是否平稳，温度是否过高，有无异常声响。

(7) 检查气缸动作是否正常，皮带架能否正常升高、回落。

(8) 检查2根链条有无松弛、磨损。
(9) 检查2个斜板光电是否感应正常。
(10) 检查入口光电开关，能否正确感应料袋位置。
(11) 检查各皮带，不应松弛。

4. 检查要点和质量标准

捡选机的检查项目和质量标准见表4-7。

表4-7 捡选机的检查项目和质量标准

序号	检查项目	标准	主要危害及后果
1	仪表风管道及附件	观察各金属管、塑料软管、接头、阀门不应有损坏、变形	造成仪表风气量不足，设备不能正常运转
2	气路试漏	通过听觉和触觉检查气路，不应存在漏气，必要时用肥皂水试漏	发生泄漏造成仪表风压力不足，设备不能正常运转，浪费气源
3	压力表	仪表风压力应在0.5~0.7MPa之间	低于0.5MPa，影响设备正常运转，高于0.7MPa降低气缸使用寿命
4	气缸	气缸动作正常，皮带架能正常升高、回落	气缸动作不正常，不能推动皮带架正常升高、回落，将使不合格料袋无法剔除，造成质量事故；也可能发生料袋挤压滞留
5	链条	2根链条无松弛、磨损	链条松弛或磨损，影响输送辊和皮带的正常运转，拣选机不能将不合格料袋剔除，造成质量事故
6	斜板光电开关	2个光电开关，能感应物体反射光，指示灯亮起	光电故障，不能感应料袋，料袋堆积时不能报警停机，正常料袋通道可能被堵塞，发生料袋的挤压滞留
7	入口光电开关	拣选机前的入口光电开关，反射板方向正对，能正确感应料袋位置	光电损坏或反射板歪斜，光电开关不能正常感应料袋位置，不合格料袋不能在拣选机上停下，造成质量事故
8	皮带	检查各皮带，无破损，不松弛	皮带破损或松弛打滑，拣选机不能将不合格料袋剔除，造成质量事故

5. 安全注意事项

注意衣物、手指、头发等不要被运转部件卷入，造成人身伤害。

项目二 不合格料袋的处理

1. 工作任务(目的)

根据具体原因，对拣选机剔除的不合格料袋需要做不同的处理，避免浪费，避免引起质量问题。

2. 常用工具

手动缝纫机、电子台秤、剪刀。

3. 操作流程

操作前准备：

（1）穿戴劳保服装，主要包括工衣、工鞋、安全帽、手套、防尘眼镜、防尘口罩、耳塞。

（2）检查手动缝纫机，确保可以正常使用。

（3）打开电子台秤电源，确保工作正常。

操作规范步骤：

（1）金属检测不合格的料袋被剔除后，可以抬到金检机前方，重新送回输送机，做第二次金属检测。如果仍然被剔除，就做上“金检不合格”标记，送至库房专区存放。

（2）重量检测不合格的料袋被剔除后，应先用台秤称重，进行人工重量复检。

（3）如果重量不超差，该料袋可以送回拣选机，进行后序喷码、码垛。

（4）如果重量超差，则用剪刀剪开袋口，去除或添加物料，至重量合格。

（5）然后把袋口折边，用手动缝纫机缝口。

（6）人工调整好重量的料袋可以送回拣选机，进行后序喷码、码垛。

4. 安全注意事项

（1）不得把料袋或其他物品直接投放到重量复检秤上，避免损坏传感器。

（2）使用手动缝纫机和剪刀，注意用电安全，避免发生触电事故。

（3）使用剪刀，注意不要造成身体划伤。

第五单元　码垛机自动生产线的操作

码垛生产线由哈尔滨博实自动化设备有限责任公司制造，是一种机、电、仪一体化的自动码垛生产线。主要由两大部分组成：输送机、码垛机；其控制部分为输送机和码垛机控制系统，辅助系统有气动系统。

该自动码垛生产线设备复杂，操作简单。在各种光电开关、霍尔开关的监测下，可自动完成整形编组、分层码垛、排垛等工序。控制系统是由操作盘进行手动/自动两种操作，在手动操作时可以对单一部件或动作进行操作控制；同时操作盘上均有状态显示和故障显示，以便于操作人员掌握设备运行状态。

斜坡输送机将料袋提升到码垛高度，经压平整形，转位后，送至编组机，编组机按编组、推袋的工作节拍输送料袋；在推袋压袋机、分层机和升降机的协调工作下，一层料袋被码放到由托盘仓、托盘输送机自动供应的托盘上，直至码完一垛八层为止，满垛由垛盘输送机送出，由叉车下线入库。

码垛形式为高位码垛，垛形结构为 2×3 编组、5 袋/层、8 层/垛(2000kg)，最大码垛能力为 1200bags/h，如图 5-1 所示。

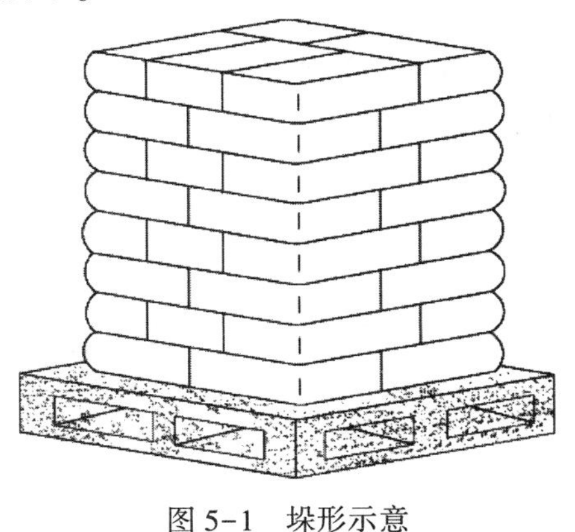

图 5-1　垛形示意

模块一　操作前的检查及准备

项目一　操作前的检查

1. 工作任务

与相关人员配合完成开机操作的准备。

2. 操作常用工具

防爆工具、对讲机。

3. 操作流程

操作前准备

（1）穿戴好劳保服装，主要包括工衣、工鞋、防尘口罩、防尘眼罩、安全帽等。

（2）准备相关的操作工具：防爆工具、对讲机。

（3）操作前检查项目、方法及重点(见表5-1)。

表5-1 码垛机操作前检查项目、方法及重点

序 号	检查项目	检查方法	检查重点
1	托盘	目测	生产线使用的托盘为塑料，尺寸：1400mm×1200mm×150mm，检查托盘有无断裂，边缘有无破损
2	控制柜、箱内器件	目测	外观是否完好，接线有无松动或脱落
3	反射板式/对射式光电开关	目测	发射端与反射板/接收端是否调整到轴线基本对正，并保证检测范围内没有异物。安装方向是否正确，如不正确，及时纠正，并保证开关和运动机件不刮碰
4	仪表风	目测	仪表风供给压力应为0.5～0.7MPa，气动装置完好，无漏气现象

检查步骤：

（1）电缆无破损且连接可靠，各控制开关及指示灯灵活有效。

（2）接通码垛控制系统电源。

（3）打开码垛机仪表风进气阀，接通仪表风。

（4）接通操作箱操作面板上的钥匙开关，释放操作箱操作面板及现场的急停开关，拔出升降机配重安全销。

（5）按下操作箱操作面板上“启动”按钮，启动预警警报过后，码垛机即进入自动运行状态，运行指示灯亮。

操作要点：

（1）保证仪表风供给压力在0.5～0.7MPa。若仪表风压力低于0.5MPa，可能引起设备运行不正常，故障率增加；若仪表风压力高于0.7MPa，将加快设备气动元件的磨损速度，降低其正常使用寿命。仪表风性能参数见表5-2。

表5-2 仪表风性能参数

供给压力	0.5～0.7MPa	过滤精度	颗粒度<5μm
供给温度	0～40℃	露点	-40℃

（2）光电开关镜头清洁，作用范围适当，没有无关物体遮挡。

（3）接近开关位置准确，安装牢固，无松动，没有无关金属物体靠近。

（4）系统参数设置正确，各触摸屏及报警装置无报警信息。

（5）在闭合负荷开关或总断路器前，需检查进线电源是否符合系统需求；逐级闭合断路器，在闭合下一级断路器前，需检查上一级断路器输出电压是否在允许范围内。

4. 安全注意事项

（1）由于升降机承载重量较大而且链条的另一端还有一吨的金属配重，因此在码垛的升降部分操作时一定要小心。

（2）码垛机上的安全护栏设有的可开、关安全门，安全门开启后，系统进入停止状态，触摸屏提示报警。

（3）禁止使用断裂、破损托盘，以免造成码垛后散垛、托盘仓内托盘垛不整齐而倾倒，导致设备损坏、人身伤害。

5. 拓展知识阅读推荐

《图解传感器与仪表应用》，作者：李方园，出版日期：2013 年 3 月，机械工业出版社。

《光电传感器应用技术》，作者：王庆有，出版日期：2014 年 4 月，机械工业出版社。

项目二　操作前的安全准备

1. 工作任务

与相关人员配合完成开机操作的安全准备。

2. 常用工具

防爆工具、对讲机。

3. 操作流程

操作前准备：

（1）穿戴好劳保服装，主要包括工衣、工鞋、防尘口罩、防尘眼罩、安全帽等。

（2）准备相关的操作工具：防爆工具、对讲机。

对操作者的安全要求

（1）未接受岗前培训，不熟悉安全注意事项的人员不得操作本生产线。

（2）操作人员必须严格遵守本用户手册中所规定的各项操作程序及步骤。

（3）生产线的所有安全防护设施尚未就位前，不得操作运行该生产线。

（4）生产线正在运行时，禁止进入危险区域或跨越生产线。

（5）生产线通电后，禁止任何无关物体进入光电开关的工作范围内，禁止任何无关金属物体靠近接近开关。

（6）禁止无关人员修改控制柜内接线、PLC 程序、变频器的设定参数。

操作前安全标志项目、名称及重点内容：为提醒注意安全，布置了如下一些安全警示标志(表 5-3)，请接触该生产线的人员注意人身安全。

表 5-3　安全标志名称、图示及重点内容

序　号	安全标志名称	安全标志图示	重 点 内 容
1	禁止触摸		此标志表示禁止触摸的设备或物体附近，如裸露的带电体，炽热物体，具有毒性、腐蚀性物体等处

续表

序号	安全标志名称	安全标志图示	重点内容
2	禁止跨越		此标志表示不宜跨越的地段，若跨越，可能造成人身伤害或损坏设备。有此种危险的地方包括设备正常运行时，禁止跨越输送机，以防发生人身伤害；设备运行停机时，也不可踩踏输送机皮带或输送辊，以防输送机启动将人带倒
3	注意安全		此标志表示需要注意安全的地方，若不注意，可能造成人身伤害。 有此种危险的地方包括： 1)安全护栏内区域，光电开关、接近开关的检测范围。无论在运行或临时停机状态都不要人为阻挡光电开关，不要将金属物体靠近接近开关，以免发生设备误动作，造成人身伤害。 2)气缸组件的动作范围。在设备正常运行或临时停机状态下，不可进入气缸组件的动作范围，以免发生撞伤、挤伤等危险。具体位置有包装机的横进气缸、抓手气缸、缩口气缸、料门气缸、抱夹气缸等的动作范围，供袋机的取袋气缸、送袋气缸、储袋气缸、抓袋气缸等动作范围，立袋输送机的墩袋气缸动作范围，夹口整形机的夹口气缸动作范围，缝口机的切线气缸动作范围，托盘仓的升降气缸及托叉气缸动作范围，垛盘输送机的限位气缸动作范围，转位输送机的转位气缸动作范围，推袋压袋机的推板气缸动作范围，分层机的侧整形气缸动作范围。 3)升降机配重及升降平台升降范围内严禁进入，以防发生人身事故危险
4	机械伤害		此标志表示易发生机械卷入、轧压、辗压、剪切等机械伤害的作业地点。有此种危险的地方包括皮带输送机滚筒、托辊与皮带接触处，辊子输送机链条与链轮接触处，电机链罩内、夹口整形机的输送带与带轮接触处
5	小心触电		此标志表示有可能发生触电危险的电器设备和线路。有此危险的地方包括电控柜或电机出线盒、现场接线盒等处，要当心触电
6	安全门、柜	必须加锁 Must be locked	此标志表示有易发生危险或损坏设备等处的安全门、柜。有此要求的地方包括电控柜、操作箱，在不进行柜内操作的时候，一定要锁上，以保安全

续表

序 号	安全标志名称	安全标志图示	重 点 内 容
7	当心碰头	当心碰头 Caution, collide head	此标志表示易发生落物危险的地点。有此危险的地方有栅格平台下方，经过时，当心落物伤人。从斜坡输送机下通过时，当心其张紧装置碰头

4. 危险区域

生产线运行过程中严禁进入的区域如图 5-2 所示，若需要进入，必须按如下所述的操作程序执行，以免发生人身事故。

区域 1：此范围动作件的力度较大，严禁进入。若需要进入此区域，须断电、断气、释放气动管路中的残压，且必须将两安全销插入配重侧立柱的销孔内（如图 5-3 所示），方可进入。

区域 2 及区域 3：为推袋动作范围及转位机构的回转范围，若有进入需要，必须按动操作盘上的“码垛停止”或“急停”按钮，确保断电、断气，方可进入。

区域 4：安全护栏围成的区域严禁进入，若有进入需要，必须按动护栏侧门上“急停”按钮，确保断电、断气，方可进入。

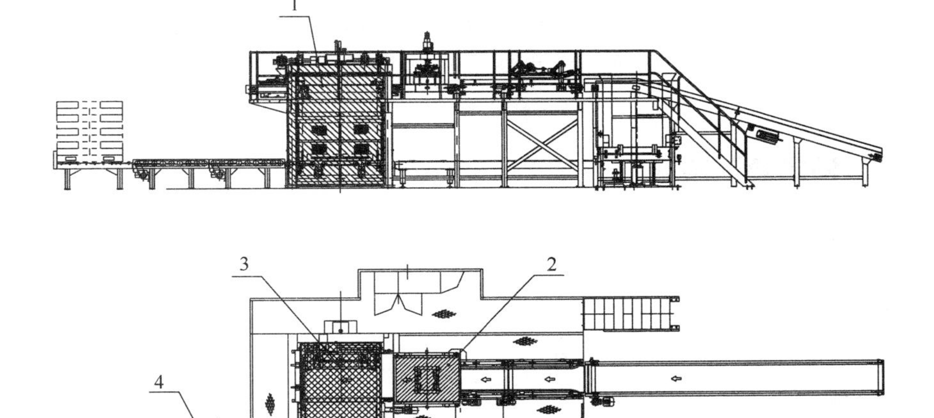

图 5-2 码垛单元危险区域

1—升降机、分层机、压袋装置围成的区域；2—转位机构围成的区域；
3—推袋小车运行区域；4—安全护栏围成的区域

5. 拓展知识阅读推荐

《安全标志及其使用导则 GB 2894—2008》，作者：中国国家标准化管理委员会，出版日期：2009 年 10 月 1 日，中国标准出版社。

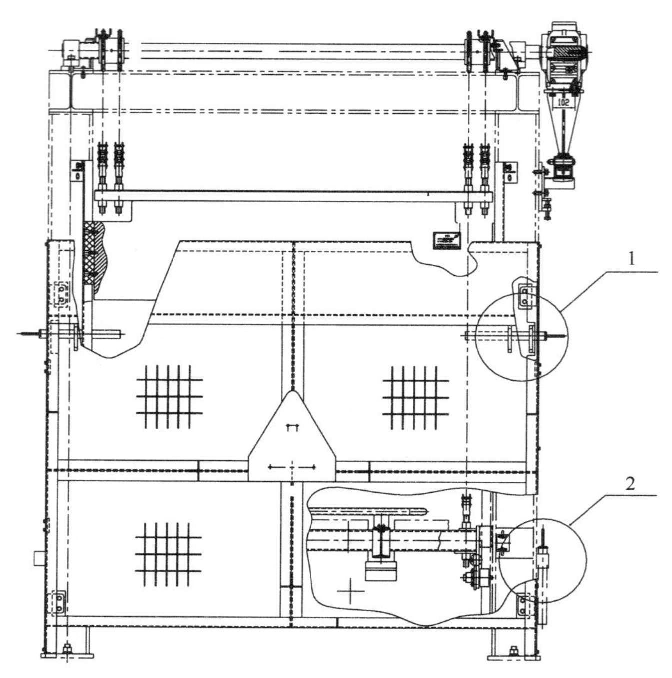

图 5-3 升降机安全销插孔示意图

1—状态进入危险区域前，将安全挡销横向插入此插孔内，以防止配重意外动作；
2—状态设备正常工作时，将安全挡销竖向插入此插孔内

项目三 应急处置预案

1. 工作任务

与相关人员配合完成应急处置。

2. 常用工具

防爆工具、对讲机、急救箱、担架。

3. 操作流程

操作前准备：

(1) 穿戴好劳保服装，主要包括工衣、工鞋、防尘口罩、防尘眼罩、安全帽等。

(2) 准备相关的操作工具：防爆工具、对讲机、急救箱、担架。

应急处置预案：

① 触电事故应急预案(表 5-4)

② 机械伤害应急处置方案(表 5-5)

4. 安全注意事项

① 岗位人员应急处置原则

先保护，后确认；先处置，后汇报；先控制，后撤离。

a. 先保护，后确认：指在个人确保安全的前提下对事故直接原因进行确认。

b. 先处置，后汇报：紧急情况下先进行技术处置，然后按程序汇报。

c. 先控制，后撤离：指站场人员撤离时首先将站场关断，然后撤离。

表 5-4　触电事故应急预案

发现异常	发现人员受到触电伤害，立即通知有关部门、班组停电	现场发现第一人
脱离、切断电源	人触电以后，可能由于痉挛或失去知觉等原因而紧抓带电体，不能自行摆脱电源，这时，使触电者尽快脱离电源是救治触电者的首要因素。 1. 对于低压触电事故，可采用下列方法使触电者脱离电源 1）如果触电地点附近有电源开关或电源插销，可立即拉开开关或拔出插销，断开电源。 2）如果触电地点附近没有电源开关或电源插销，可用有绝缘柄的电工钳或有干燥木柄的斧头砍断电线，断开电源，或用干木板等绝缘物插入触电者身下，以隔断电源。 3）当电线搭落在触电者身上或被压在身下时，可用干燥的衣服、手套、绳索、木板、木棒等绝缘物作为工具，拉开触电者或挑开电线，使触电者脱离电源。 4）如果触电者的衣服是干燥的，又没有紧缠在身上，可以用一只手抓住他的衣服拉离电源。但因触电者的身体是带电的，其鞋的绝缘也可能遭到破坏，救护人不得接触触电者的皮肤，也不能抓他的鞋。（建议方法） 2. 对于高压触电事故，可采用下列方法使触电者脱离电源（建议方法） 1）戴上绝缘手套，穿上绝缘靴，用相应电压等级的绝缘工具拉开开关。 2）抛掷金属线使线路短路接地，迫使保护装置动作，断开电源。注意抛掷金属线前，先将金属线的一端可靠接地，然后抛掷另一端，注意抛掷的一端不可触及触电者和其他人	现场发现第一人
现场确认、报告	1. 向班长报告：××发生触电伤害及受伤情况 2. 班长现场确认，并向车间值班干部和厂应急指挥中心办公室报告 3. 向厂相关干部报告	现场发现第一人 当班班长 车间值班干部
报警	向救援机构报警（报告事发地点，伤员受伤情况）	车间值班干部 当班班长
应急程序启动	启动本预案，通知其他岗位人员增援，并通知车间负责人	车间值班干部
处理方法	1. 有呼吸无心跳采取：胸外挤压法急救 胸外心脏挤压法是触电者心脏跳动停止后的急救法。做胸外心脏挤压时应使触电者仰卧在比较坚实的地方，操作方法如下： 1）救护人员跪在触电者一侧，或骑跪在触电者腰部两侧，两手相叠，手掌根部放在心窝上方、胸骨下 1/3~1/2 处。 2）掌根用力垂直向下（脊背方向）挤压，压出心脏里面的血液。对成人应压陷 3~4 厘米．以每秒钟挤压一次，每分钟按压 100 次为宜。 3）挤压后掌根迅速全部放松，让触电者胸部自动复原，血液充满心脏，放松时手掌不必完全离开胸部	车间应急人员

续表

发 现 异 常	发现人员受到触电伤害，立即通知有关部门、班组停电	现场发现第一人
处理方法	2. 无呼吸有心跳采取：人工呼吸法急救 口对口人工呼吸 1)在保持呼吸道畅通和病人口部张开的位置下进行。 2)用按于前额一手的拇指与食指，捏闭病人的鼻孔(捏紧鼻翼下端)。 3)抢救开始后首先缓慢吹气两口，以扩张萎陷的肺脏，并检验开放气道的效果，每次呼吸为1.5~2秒钟。 4)抢救者深吸一口气后，张开口贴紧病人的嘴(要把病人的口部完全包住)。 5)用力向病人口内吹气(吹气要求快而深)，直至病人胸部上抬。 6)一次吹气完毕后，应即与病人口部脱离，轻轻抬起头部，眼视病人胸部，吸入新鲜空气，以便做下一次人工呼吸。同时放松捏鼻的手，以便病人从鼻孔呼气，此时病人胸部向下塌陷，有气流从口鼻排出。 7)每次吹入气量约为800~1200ml。 3. 无呼吸无心跳采取：心肺复苏法急救	车间应急人员
流程调整	由于是紧急停电，可能会对生产产生严重影响，汇报现场状况请示相关部门调整供配电	调度室
人员疏散警戒	1. 组织现场与抢险无关的人员(含施工人员)撤离 2. 以规定距离划定警戒范围	班长
系统保障	1. 调整供电方式尽可能保证生产连续性 2. 做好安全措施等待维修人员介入	配电室值班人员
接应救援	疏通救援通道，接应医疗急救车辆及外部应急增援力量	车间应急人员
抢修设备	具备维修条件后，通知维修人员进入现场维修	车间值班干部
警戒	根据事故位置，划定警戒范围，禁止无关人员与车辆进入	车间应急人员
接应救援	确认消防通道通畅，接应医疗车辆及外部应急增援力量	车间应急人员
应急终止	经现场应急处置后，受伤人员已得到医疗救治。车间值班干部宣布应急终止，并向厂应急指挥中心办公室报告应急处置情况	车间值班干部

表5-5 机械伤害应急处置方案

步 骤	处 置	负 责 人
发现异常	有人在作业过程中受到物体打击、撞伤、砸伤	现场发现第一人
现场确认、报告	1. 向班长报告：有人被××伤害及受伤情况 2. 班长现场确认，并向车间值班干部和厂应急指挥中心办公室报告	现场发现第一人 当班班长 车间值班干部
报警	向救援机构报警(事发地点，伤员受伤情况)	车间值班干部 当班班长
应急程序启动	启动本处置方案，通知其他岗位人员增援，并通知车间负责人	车间值班干部

续表

步　骤	处　置	负 责 人
人员抢救	1. 对现场受伤人员进行必要的应急处理 1)迅速将伤员脱离危险场地，移至安全地带。在抢救伤员时，不论哪种情况，都应减少途中的颠簸，也不得随意翻动伤员 2)迅速止血，包扎伤口 3)若伤员有断肢情况发生应尽量用干净的干布(灭菌敷料)包裹装入塑料袋内，随伤员一起转送 2. 持续进行急救(决不放弃)，直到专业人员到达	车间应急人员
警戒	根据事故位置，划定警戒范围，禁止无关人员与车辆进入	车间应急人员
接应救援	确认消防通道通畅，接应医疗车辆及外部应急增援力量	车间应急人员
注意事项	1. 事发后以救助伤员为第一任务，积极配合医院对受伤人员的救助 2. 做好事故现场的保护工作，防止事故现场有意无意的破坏，确保调查取证工作顺利展开 3. 对骨折处理的基本原则是尽量不让骨折肢体活动。因此，要利用一切可利用的条件，及时、正确地对骨折做好临时固定	

②工艺处置原则

a. 迅速关断，切断电源和气源。

b. 能保压，不放空；能放空，不外泄。

c. 就近截断，就近放空；避免小泄漏，大关断。

③后期处理原则

努力消除各种危害因素，避免二次事故的发生，积极稳定员工情绪，消除不利影响，迅速使人员、装备、环境达到安全生产条件。

5. 拓展知识阅读推荐

《生产经营单位生产安全事故应急预案编制导则 GB/T29639—2013》，作者：中国国家标准化管理委员会，出版日期：2013 年 10 月 1 日，中国标准出版社。

模块二　单体设备及其操作

码垛机单体设备主要有斜坡输送机、缓停压平机、转位机输送机、编组机、推袋压袋机、分层机、升降机、托盘仓、托盘输送机、垛盘输送机等。其中：不带气动系统的单体设备有斜坡输送机、缓停压平机、编组机、升降机、托盘输送机；带有气动系统的单体设备有转位机输送机、推袋压袋机、分层机、托盘仓、垛盘输送机。

项目一　不带有气动系统的单体设备及其操作

1. 工作任务

与相关人员配合完成不带有气动系统的单体设备及其操作。

2. 常用工具

防爆工具、对讲机、测温仪。

3. 操作流程

操作前准备：

(1) 穿戴好劳保服装，主要包括工衣、工鞋、防尘口罩、防尘眼罩、安全帽等。

(2) 准备相关的操作工具：防爆工具、对讲机、测温仪。

(3) 操作前检查项目、方法、重点内容及处理(见表 5-6)。

表 5-6　不带有气动系统的单体设备检查项目、方法、重点内容及处理

序　号	检 查 项 目	检 查 方 法	检查重点及处理
1	电机无法启动	目测	①检查对应的电机保护断路器是否跳闸，如果是，上报车间由维保人员来查明原因，排除故障。 ②检查对应的接触器是否发生故障，如果是，上报车间由维保人员来查明原因，排除故障或更换新的接触器。 ③检查各端子接线是否松动，电机电缆是否损坏，如果是，上报车间由维保人员来查明原因，做相应的紧固和更换处理
2	轴承声音异常	目测、耳听	查看运行记录，判断轴承是否磨损严重或到达使用寿命，如果是，上报车间由维保人员更换
3	轴承发热运行不平稳	目测、测温仪	若运行时间不到使用寿命，上报车间由维保人员给轴承清洗、填加润滑脂，减少轴承的磨损
4	输送带出现毛边，表面有划痕	目测	查看皮带是否跑偏或在滚筒上有滞留物料，若是皮带跑偏，上报车间由维保人员调整跑偏的皮带，若在滚筒上有滞留物料，使用毛刷、扁铲清理滚筒的粘料
5	链条声音异常	目测、耳听	传动不好，检查传动系统，清洗链条

设备工作原理：

① 斜坡输送机

斜坡输送机用于料袋输送，在此高度上以便于码垛机对料袋进行码垛，斜坡输送机为皮带式输送机，由减速电机驱动，实现料袋的输送，将料袋由低位输送到高位，末端带有无动力缓冲辊。主要技术参数：输送速度：0.4m/s，输送带宽：600mm，电机功率：3.0kW。斜坡输送机结构简图见图 5-4。

② 缓停压平机

缓停压平机用于料袋的压平整形，使码垛机码出的垛形更美观，同时当料袋密集时，可使料袋暂停输送，以便转位机有足够的时间完成料袋的转位，加速输送机与压平输送机(由上输送机、下输送机组成)均为皮带式输送机，由减速电机驱动，实现料袋的输送。压平输送机结构简图见图 5-5。

通过蜗轮蜗杆装置调整可调整上、下输送机之间的间距，同时改变作用在料袋上的压力。

料袋在通过压平装置时，压平装置与压平输送机的减速电机同时运转，在压平料袋的同时，将料袋向前输送。是两级增速皮带式输送，可调高度的压平机把经斜坡输送机输送后的料袋压平整形，目的在于使包装袋内的物料均衡分布，从而使包装袋外形达到码垛操作的要求。主要技术参数：输送速度：一级 0.4m/s、二级 0.9m/s，输送带宽：600mm，电机功率：1.1kW+2×0.75kW。

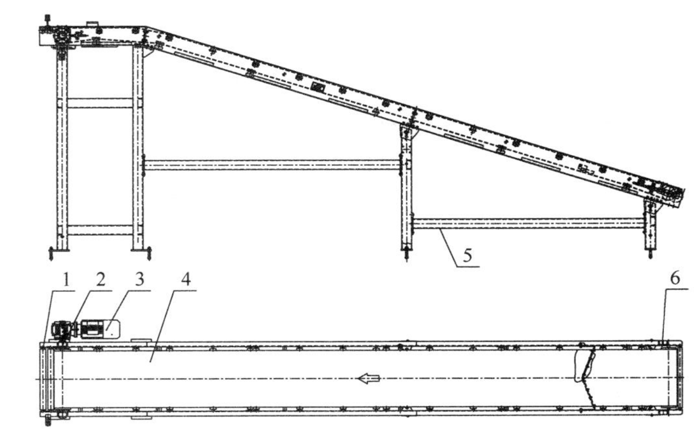

图 5-4　斜坡输送机结构简图

1—无动力辊；2—主动滚筒；3—减速电机；4—输送带；5—机架；6—从动滚筒

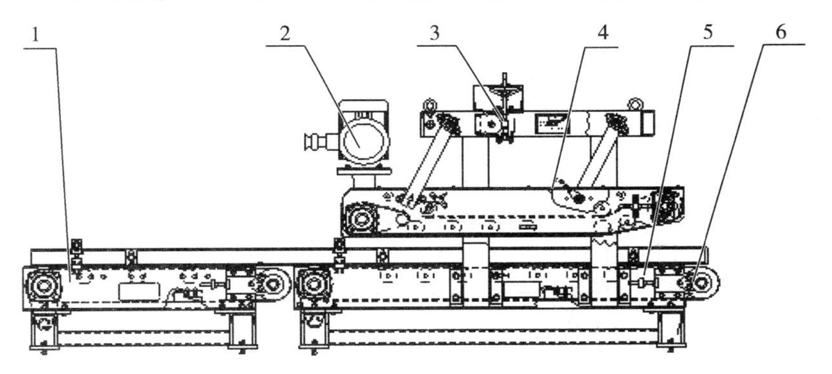

图 5-5　压平输送机结构简图

1—加速输送机；2—防爆电机；3—蜗轮蜗杆装置；4—上输送机；5—下输送机；6—机架

③ 编组机

编组机用于对经过转位后的料袋按照垛形的需要进行编排组合，以满足码垛需要。编组机对料袋采用 3~2、2~3 编组的方式。当料袋输送至编组机一定位置，电机制动，料袋停止在编组机上；当转位输送机发出输送信号时，编组机的电机重新启动，此时，另一料袋经转位机输送过来并到达编组机一定位置后，电机再次制动，输送停止，如此直至料袋在编组机上按照一定的规律编排好一组时，下一工位的推袋装置得到信号将编好的成组料袋推至推袋装置的缓停板上，至此，编组机完成了一个工作循环。主要技术参数：输送速度：0.9m/s，电机功率：1.5kW。编组机结构简图见图 5-6。

④ 升降机

升降机是龙门链式升降结构，该种升降机运行平稳，无机械偏载，故障率低，使用寿命长。运行速度：0.35m/s（变频可调），承载能力：3000kg，电机功率：7.5kW。升降机用于码垛过程中完成空托盘的提升和对垛盘逐层下降以便进行码垛，减速电机通过主轴将动力传至两个双联链轮上，四根链子的一侧下垂与配重联接；另一侧两根下垂与升降平台联接，另两根经与之啮合的两个单排链轮转向下垂也与升降平台联接。在减速电机的带动下，四根滚子链拉动升降平台协调升降，配合分层机完成码垛工作。主要技术参数：平台升降速度：0.49m/s，电机功率：7.5kW。升降机结构简图见图5-7。

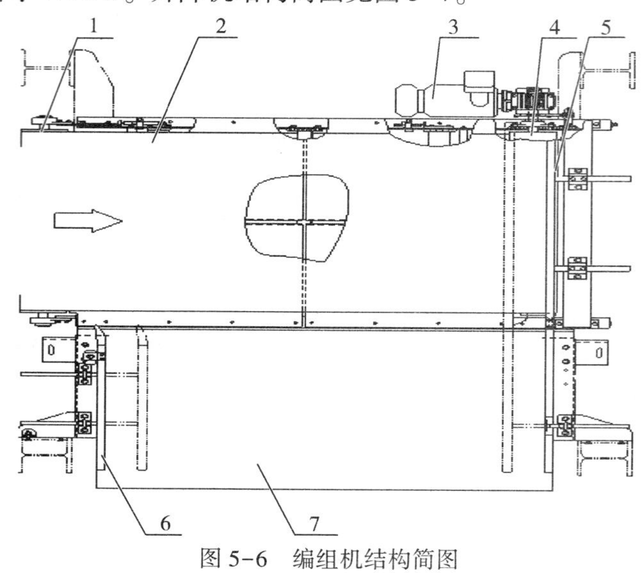

图5-6　编组机结构简图

1—从动滚筒；2—输送带；3—减速电机；4—主动滚筒；5—前挡板；6—整形板；7—缓停板

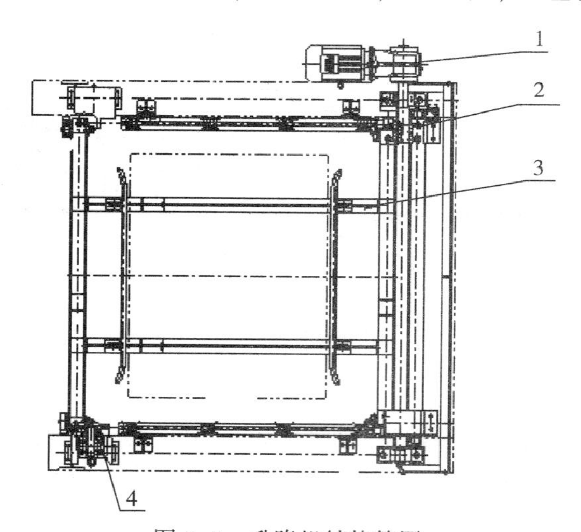

图5-7　升降机结构简图

1—减速电机；2—双联链轮；3—升降平台；4—单联链轮

⑤ 托盘输送机

托盘输送机是链条式输送，与托盘储存仓连接，负责自动向码垛机提供空托盘。输送速度：0.35m/s，电机功率：0.37kW。托盘输送机用于将托盘仓中存储的托盘输送到码垛位垛盘输送机上，当码垛工位传来需要托盘的信号时，减速电机启动，通过链条传动，将托盘输送至码垛位垛盘输送机，减速电机停止，此时托盘仓运作，将下一个托盘落至托盘输送机的链条上，等待送出。主要技术参数：输送速度：0.34m/s，电机功率：0.37kW。托盘输送机结构简图见图5-8。

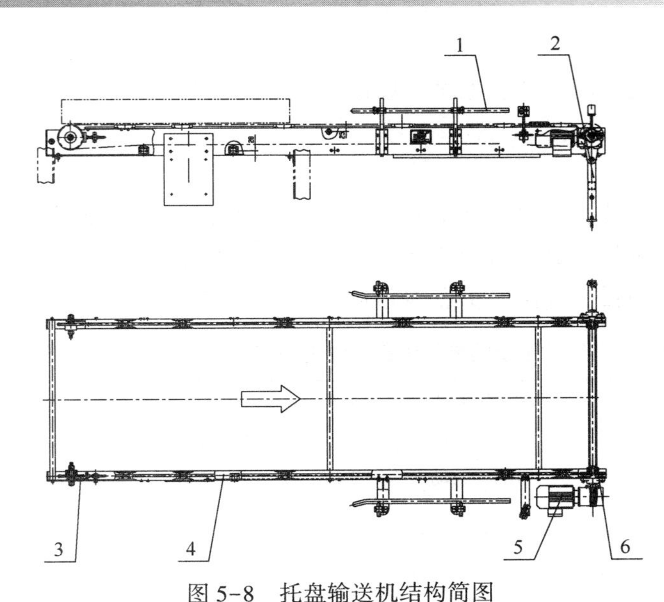

图 5-8 托盘输送机结构简图

1—导向杆；2—机架；3—从动链轮；4—链条；5—减速电机；6—主动链轮

操作步骤：

（1）检查托盘是否完好，损坏较严重的要及时替换，以免影响码垛效果。当托盘叉上还有托盘时，叉车可直接将成垛的空托盘放入托盘仓中。否则，放入空托盘前，需按托盘上升按钮，托盘托架升起后，再放入空托盘。

（2）叉车向托盘仓内放置托盘要整齐，托盘仓内托盘总数不应超过 10 个。如果托盘放置不整齐或数量过多，会发生托盘倾倒，可能导致托盘损坏或人身伤害。

（3）单体设备运行中监视项目：

① 各机械部件动作是否协调，是否存在卡滞和爬行现象。

② 各部机的机械传动系统是否正常，链条是否有异常噪音、皮带是否跑偏。

③ 各部机的电机运转是否正常，是否有异常噪音，是否存在过热现象。

④ 码垛机码出的垛形是否整齐规则。

4. 质量标准

单体设备的电机、皮带及其附属设施工作正常。

5. 拓展知识阅读推荐

《机械设备故障诊断实用技术丛书：电动机故障诊断实用技术》，作者：杨国安，出版时间：2012 年 1 月，中国石化出版社。

项目二 带有气动系统的单体设备及其操作

带有气动系统的单体设备的气动系统是由气源处理装置、电磁换向阀、调速阀、气缸、消音器、气动软管以及各种快速接头等组成，其中气源处理装置由空气过滤器、减压阀（调压阀）及油雾器组成，其上带有压力表。

1. 工作任务

与相关人员配合完成带有气动系统的单体设备及其操作。

2. 常用工具

防爆工具、对讲机、测温仪、毛刷、扁铲、干净的抹布。

3. 操作流程

操作前准备：

（1）穿戴好劳保服装，主要包括工衣、工鞋、防尘口罩、防尘眼罩、安全帽等。

（2）准备相关的操作工具：防爆工具、对讲机、测温仪、毛刷、扁铲、干净的抹布。

（3）操作前检查项目、方法、重点内容及处理(见表5-7)

表5-7 带有气动系统的单体设备操作前检查项目、方法重点内容及处理

序号	检查项目	检查方法	检查重点及处理
1	空气过滤器	目测、手动	空气过滤器将压缩空气中的水滴、油滴分离出来排出气动系统。及时排放空气过滤器中的冷凝水，检查并清除过滤器上的污垢
2	压力表	目测、耳听	压力表是否有故障，仪表风压力在0.5~0.7MPa范围内
3	消声器	目测、耳听	气动系统的空气排放使用高品质消声器，既能将排气产生的现场噪声减小到要求范围，又能洁净空气
4	油雾器	目测	检查油雾器的油杯内的润滑油，及时补充润滑油，并且不得停止加油

注：电机、轴承、输送带、链条的检查同项目一(见表5-6)

设备工作原理：

① 转位输送机

转位输送机用于料袋的转位及输送，转位输送机可实现料袋在输送带上水平面内三种角度的回转(根据3+2、2+3编组的方式实现±90°，180°转角)，料袋所需回转的角度是以保证料袋口向内为准，从而能够保证垛形整齐、美观。

当料袋到达转位输送机的转板下方时，光电开关给出信号，输送机制动停止，转位机构上的两个夹袋板上的气缸动作，推动夹板转动，将料袋紧紧夹住，转位电机根据编组工序的需要，通过同步带传动将料袋旋转至所需的角度后，夹板往上摆起复位。此时输送机开始工作，料袋被输送至下一工位。主要技术参数：输送速度：0.92m/s，制动电机功率：1.1kW，减速电机功率：1.1kW。转位输送机结构简图见图5-9。

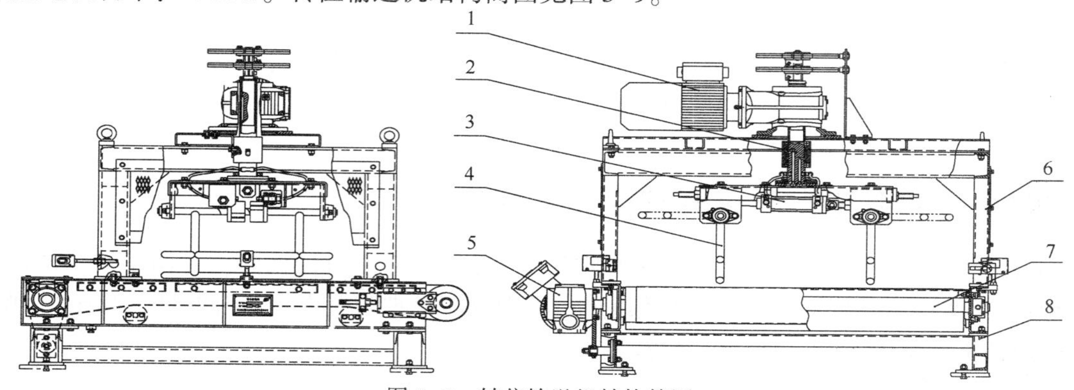

图5-9 转位输送机结构简图

1—减速电机；2—转位机构；3—夹袋气缸；4—夹袋板；5—减速电机；6—门架；7—输送机；8—机架

② 推袋压袋机

推袋压袋机是将已编组的料袋组推至缓冲区或码垛区，并在分层码垛时将料袋进行压袋整形，使垛形保持良好。推袋压袋机位于编组机上方，当编组机编好一组料袋时，推袋小车将料袋组推至编组机的缓冲板，然后，推板抬起，推袋小车返回至初始位后停车，推板复位。当编组机编好第二组料袋时，编组机上的料袋组和缓冲板上的料袋组正好组成一层料袋(共五袋)，推袋小车启动，将编组机上的料袋组连同缓冲板上的料袋组一同推至分层机的码垛位。

推袋复位。此时，如果码垛机处于码垛状态(分层机下面的升降机的升降架上有托盘)，则分层机的左、右分层板向两侧分开，压袋装置动作，压拍随同升降机的下降下压料袋，对料袋进行整形。当升降机降至适当位置时，压袋装置的压拍回升复位，同时，分层机的左、右分层板复位至合并状态。主要技术参数：推袋小车速度：1.0m/s，电机功率：2.2kW。推袋压袋机结构简图见图 5-10。

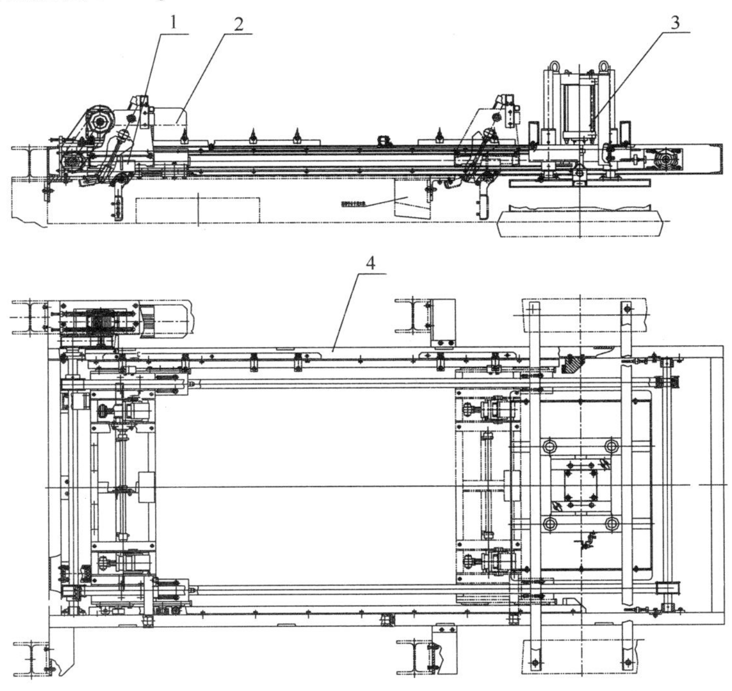

图 5-10 推袋压袋机结构简图

1—推袋小车；2—减速电机；3—压袋装置；4—框架

③分层机

分层机用于对料袋组进行整形，并将整形后的一层料袋投放到升降机上的托盘上，完成一层料袋的码垛。当推袋压袋机将编组机上的料袋推至分层机的分层板(左、右分层板)上时，侧整形气缸动作，带动左、右侧整形板推向料袋进行侧边整形(此时左右分层板处于闭合状态)。减速电机启动，带动左、右分层板向两侧分开。当两分层板完全分开时，减速电机停止运转，分层机上的一层料袋落在升降平台上的托盘上。当升降机的升降平台带动托盘下降时，推袋压袋机的压拍也随同下压。当升降平台降到适当位置时，推袋压袋机的压拍提升复位。分层机结构简图见图 5-11。

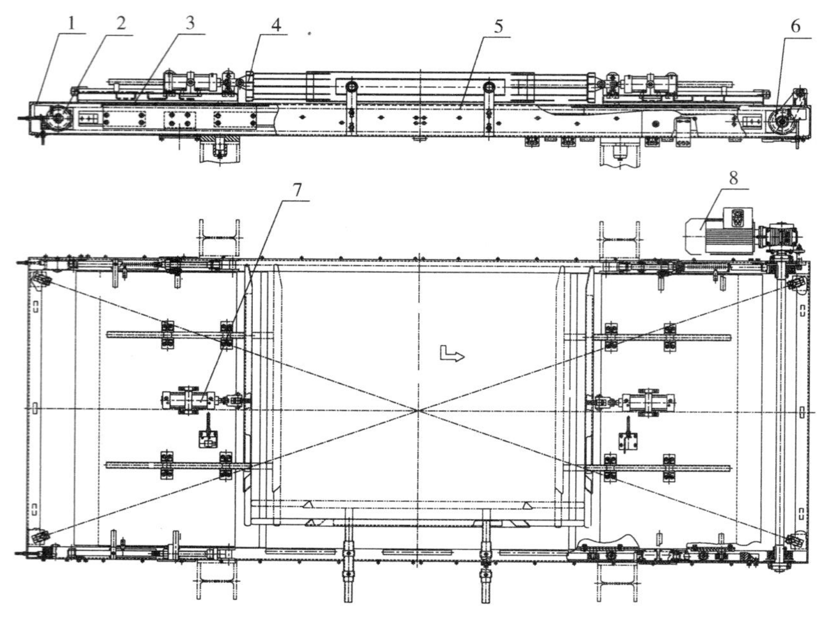

图 5-11　分层机结构简图

1—框架；2—从动带轮；3—分层板；4—推板；5—同步带；6—主动带轮；7—侧整形气缸；8—减速电机

分层机的减速电机反转，带动左、右分层板向中间运动，直至分层板闭合。至此，分层机完成了一个工作循环。主要技术参数：分层板运行速度：0.76m/s，电机功率：2.2kW。

④ 托盘仓

托盘仓是用来储存一定数量的托盘，并根据需要及时准确地将托盘分配给托盘输送机，确保生产线能够连续工作。当最下边的托盘被放在托盘输送机的输送链条上送出后，升降气缸活塞杆伸出，推动托盘座上升将托盘托起后停止，托叉气缸活塞杆伸出，插板退出，升降气缸活塞杆缩回，托盘座连同所有托盘下降一个托盘高度后，托叉气缸活塞杆缩回，插板插入倒数第二个托盘，最下边的托盘随同托盘座继续下降，直至落到托盘输送机的输送链条上待送出，完成一个工作循环。托盘尺寸：1400mm×1200mm×150mm，托盘材料：塑料，托盘仓容量：10 个空托盘。托盘仓结构简图见图 5-12。

⑤ 垛盘输送机

垛盘输送机(码垛位)用于将空托盘输送至码垛位，而后将垛盘排出。当码垛机进行码垛时，垛盘输送机(码垛位)首先将托盘输送至升降机下方的适当位置，限位气缸动作，推动限位挡板将托盘挡住，停止向前输送。升降平台将空托盘托起至分层机底部的码垛位，延时后限位挡板下降。当垛盘被码满后，升降平台下降，垛盘随着升降平台的下降被放置在垛盘输送机(码垛位)的输送辊上，控制中心发出排垛信号，减速电机再次启动，通过链条带动输送辊转动，将垛盘输送至下一工位。主要技术参数：输送速度：0.34m/s，电机功率：1.5kW。

⑥ 油雾器

含有润滑油雾的压缩空气可对气缸的密封件进行润滑，减少密封件的磨损，同时可防止管道及金属的腐蚀。油雾器注油方法如图 5-13 所示，先关闭入气口，通过排气按钮释放气源管路中的残压，再进行注油。油雾器用油为 ISO VG32 透平油 1#。要注意油量减少情况，若耗油量太少，应通过油量调节旋钮重新调整滴油量(约5滴/分钟)。调整后滴油量仍少或不滴油，应检查油道是否堵塞，如是应及时处理。

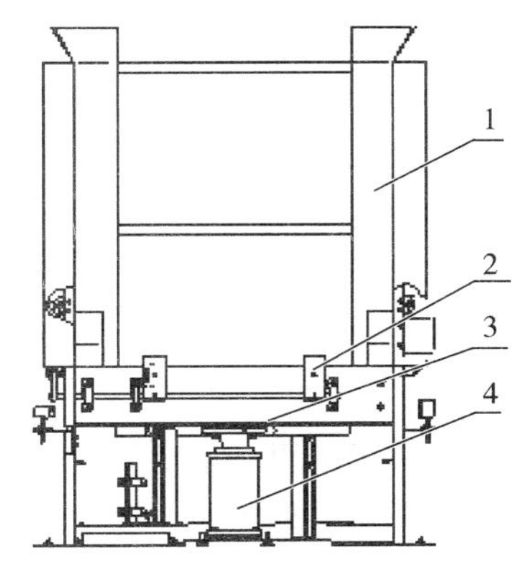

图5-12 托盘仓结构简图

1—托盘仓框架；2—插板；3—托盘座；4—托叉气缸

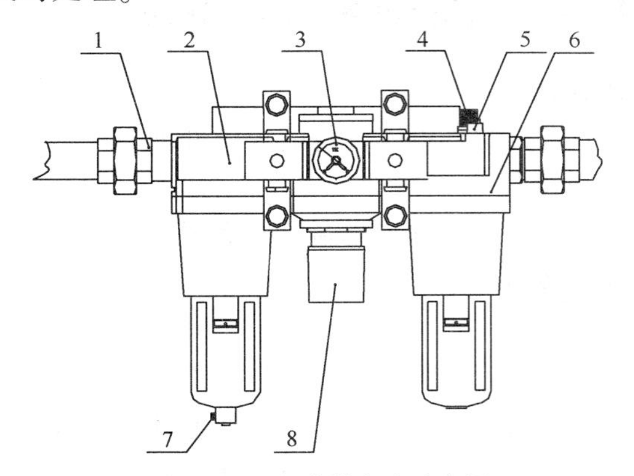

图5-13 油雾器注油示意图

1—进气口；2—过滤器；3—压力表；4—油量调节旋钮；5—注油孔；6—油雾器；7—排气按钮；8—减压阀

操作步骤：

(1) 操作步骤

开车遵循“由后至前”的原则。斜坡输送机→缓停压平机→转位机→缓停编组机、编组机→推带压带机→分层机→升降机→托盘仓→托盘输送机→垛盘输送机→无动力辊道→叉车入库。

(2) 操作要点

① 检查托盘是否完好，损坏较严重的要及时替换，以免影响码垛效果。当托盘叉上还有托盘时，叉车可直接将成垛的空托盘放入托盘仓中。否则，放入空托盘前，需按托盘上升按钮，托盘托架升起后，再放入空托盘。

② 叉车向托盘仓内放置托盘要整齐，托盘仓内托盘总数不应超过10个。如果托盘放置不整齐或数量过多，会发生托盘倾倒，可能导致托盘损坏或人身伤害。

③ 叉车要及时将垛盘下线，以免满垛后码垛机暂停等待，影响码垛速度。

④ 单体设备运行中监视项目：

a. 气动装置，包括气缸和电磁阀是否灵活、是否有漏气现象。

b. 各机械部件动作是否协调，是否存在卡滞和爬行现象。

c. 各部机的机械传动系统是否正常，链条是否有异常噪音、皮带是否跑偏。

d. 各部机的电机运转是否正常，是否有异常噪音，是否存在过热现象。

e. 码垛机码出的垛形是否整齐规则。

f. 触摸屏上是否有故障报警信息。

“空仓/满垛”报警器报警时，应检查托盘仓和下线位垛盘输送机，处理相应情况，将下线位垛盘输送机上的垛盘取走或向托盘仓内续放空托盘。

4. 质量标准

单体设备的电机、皮带及其附属设施工作正常。

5. 拓展知识阅读推荐

《造粒生产线气动控制系统设计与实现》，作者：张鹏晨，《电子科技大学》，2013年03期。

项目三　单体设备的故障及处理

1. 工作任务

与相关人员配合单体设备的故障处理。

2. 常用工具

防爆工具、对讲机、测温仪、毛刷、扁铲、干净的抹布。

3. 操作流程

操作前准备：

（1）穿戴好劳保服装，主要包括工衣、工鞋、防尘口罩、防尘眼罩、安全帽等。

（2）准备相关的操作工具：防爆工具、对讲机、测温仪、毛刷、扁铲、干净的抹布。

（3）单体设备常见故障原因及处理方法(见表5-8)。

表5-8　单体设备常见故障原因及处理方法

设　备	常见故障	可能原因	处理方法
整形压平机	料袋压平效果不好	压力辊与输送皮带的间距太大	应调整拉簧的变形量，使间距合适
	料袋堵塞	压力辊与输送皮带的间距太小	应调整拉簧的变形量，使间距合适
转位输送机	转位后料袋不正	接近开关位置不正确	调整接近开关位置
		夹袋板位置不正确	调整夹袋板位置；检查转位定位是否准确
		电磁阀不能正常工作	仪表风杂质较多，导致电磁阀不能灵活换向
编组机	经过光电开关后不停车	光电开关失效	更换光电开关
		减速电机的制动器发生故障	停车维修并排除故障
推袋压袋机	推袋小车运行不平稳或噪音过大	同步带被拉长	张紧同步带
		行走轮与滑道之间的间隙过大	更换磨损的行走轮
		减速电机的传动带过松	张紧传动带
	推袋小车运行不到位	接近开关位置不正确	调整接近开关的位置
分层机	左右分层板到达合适位置时不停车	接近开关位置不正确	调整接近开关的位置
	分层板运行时噪音过大	同步带被拉长	张紧同步带

续表

设备	常见故障	可能原因	处理方法
托盘仓	插板开合与托盘座升降不协调	接近开关位置不正确	调整接近开关的位置
	空托盘传输不到位	光电开关位置不正确	调整光电开关的位置
托盘输送机	工作噪音过大	主动链轮有轴向偏移	停车调整
		传动链条损坏	停车更换
		链轮与链条润滑不好	添加润滑剂
气缸	噪声太大	气动管路或接头有漏气	更换破损的气动软管及紧固接头
		消音器损坏或堵塞	更换或清理
	运行过快或过慢	节流器开度不合理	调节
	气缸运动不平稳	气缓冲大小不合适	调整
	气缸爬行	气源压力过低	提高气源压力
	气缸内泄大	密封失效	更换密封圈或检查活塞配合面
压力表	指示值不稳定	压力表损坏	更换
		调压阀损坏	维修或更换
		气源压力不稳定	检查并处理
		过滤器堵塞	清理
减压阀	工作不正常	膜片或弹簧断裂	更换
		阀座有异物或伤痕	清理
		阀杆变形	更换
		复位弹簧损坏	更换
油雾器	工作不正常	节流阀工作不正常	调整或更换
		不滴油或油量太小	清理油道，调整节流阀
电磁阀	主阀故障	弹簧、密封件、阀芯或阀套损坏	更换
		主阀内有异物	清理
		气源压力不合适	找出原因并处理
		密封件损坏	更换
	先导阀的排气漏气	有异物	清理
		动铁芯或弹簧锈蚀	排放冷凝水
		电压太低	找出原因并处理
		环境温度过低	提高环境温度
		弹簧损坏	更换

4. 拓展知识阅读推荐

《基于 PAC 的 MPS 检测单元控制系统设计》，作者：潘彩霞，《数字技术与应用》，2015 年 01 期。

模块三　码垛机控制系统的检查及操作

码垛控制系统组成，如图 5-14 所示。

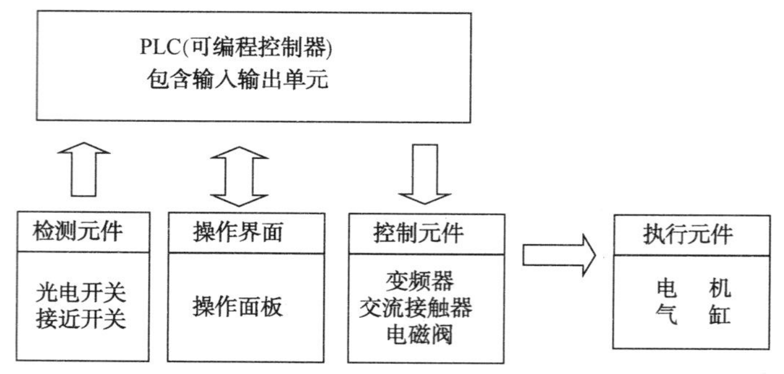

图 5-14　码垛控制系统组成框图

各组成部分的作用如下：

（1）可编程控制器（PLC）是码垛控制系统的控制中心。PLC 自动循环扫描各个输入点的当前状态，并根据程序所确定的逻辑关系刷新输出点的状态，通过变频器、接触器和电磁阀来控制相应的电机的启停和气缸的动作，从而完成码垛工艺流程的自动控制。

（2）操作画面作为操作人员与设备之间的交互平台，接收来自操作人员的操作指令并指示设备的工作状态。

（3）检测元件检测料袋的有无、位置状态以及机械各部机和运动机构的动作状态。

（4）本系统所使用的控制元件有：变频器、接触器和电磁阀，接触器和电磁阀的控制线圈与 PLC 输出点相连。当接触器控制线圈得电，则其常开触点接通，为电机供电，驱动电机运转；电磁阀得电来带动末端执行机构完成相应的动作。变频器通过改变输出频率控制电机转速。

项目一　电器元件的检查及操作

码垛机控制系统电器元件主要包括对射式光电开关、反射式光电开关、反射板、声光报警器限位开关、变频器、接触器和电磁阀等。这些元件的正常工作决定了码垛机控制系统正常工作。

1. 工作任务

完成对码垛机控制系统电器元件的检查及操作。

2. 常用工具

防爆工具、对讲机、万用表。

3. 操作流程

操作前准备：

（1）穿戴好劳保服装，主要包括工衣、工鞋、防尘口罩、防尘眼罩、安全帽等。

（2）准备相关操作工具：防爆工具、对讲机、万用表。

（3）操作步骤如下。

① 接通系统电源，接通操作箱操作面板上的钥匙开关，释放操作箱操作面板及现场的急停开关，拔出升降机配重安全销。

② 在“自动操作画面”中正确设置“当前层数”“编组袋数”和“转位袋数”参数。

③ 按下操作箱操作面板上“启动”按钮，启动预警警报过后，码垛机即进入自动运行状态，运行指示灯亮。

码垛控制单元现场元件明细见表 5-9。

表 5-9 码垛控制单元现场元件明细

序号	代号	名称	序号	代号	名称
1	M1	斜坡输送电机	40	SQ4	推板关位
2	M2	压平电机	41	SQ5	推袋后位
3	M3	整形输送电机	42	SQ6	推袋后位减速
4	M4	加速输送电机	43	SQ7	推袋中位减速
5	M5	料袋转向电机	44	SQ8	推袋中位
6	M6	转位输送电机	45	SQ9	推袋前位减速
7	M8	编组电机	46	SQ10	推袋前位
8	M9	推袋电机	47	SQ12	压袋上位
9	M10	分层电机	48	SQ13	分层开位
10	M11	升降电机	49	SQ14	分层开位减速
11	M12	托盘输送电机	50	SQ15	分层机关位减速
12	M13	垛盘输送 1 电机	51	SQ16	分层关位
13	M14	垛盘输送 2 电机	52	SQ18	升降上升限位 1
14	M15	垛盘输送 3 电机	53	SQ19	升降下降限位 1
15	M16	垛盘输送 4 电机	54	SQ20	升降下降限位 2
16	SQ04	安全门限位开关 1	55	SQ21	升降下降减速位
17	SQ05	安全门限位开关 2	56	SQ22	升降上升减速位
18	SQ06	安全门限位开关 3	57	SQ23	升降上升限位 2
19	SQ07	安全销限位开关 1	58	SQ24	托盘底缸上位
20	SQ08	安全销限位开关 2	59	SQ25	托盘底缸中位
21	SQ09	安全门限位开关 4	60	SQ26	托盘挡铁下位
22	SG1	斜坡输送光电	61	SQ27	垛盘输送 2 位置
23	SG2	整形输送光电	62	SQ28	垛盘输送 3 位置
24	SG3	加速输送光电	63	SQ29	垛盘输送 4 位置
25	SG4E	转位光电	64	YV1	转位夹板阀
26	SG5	编组光电 1	65	YV2	推袋推板阀
27	SG6	编组光电 2	66	YV3	压袋阀
28	SG8	分层满光电	67	YV4	侧边整形阀
29	SG9A	升降上升临界	68	YV5	托盘仓底缸阀
30	SG9B	升降上升临界	69	YV6	托盘叉阀
31	SG10	托盘仓托盘检测	70	YV7	托盘定位挡铁阀
32	SG11	托盘传送位	71	CP1	码垛控制柜
33	SG12	托盘等待位	72	BH1～3	防爆接线盒
34	SG13	垛盘输送 1 光电	73	OP2～4	按钮盒
35	SG14A	安全光电 1	74	A2～3	接线盒
36	SG14B	安全光电 2	75	AL1	声光报警器
37	SQ1	转位定位 1	76	HT1	码垛指示灯塔
38	SQ2	转位定位 2	77	SQ30	垛盘输送 5 位置
39	SQ3	推板开位			

操作检查：

（1）到位后接近开关（NPN型）无信号要检查以下内容。

① 检查接近开关与感应板是否不对正或距离不适当，如果是，及时调整。

② 检查接近开关相关接线是否松动或断路，如果是，则紧固或重新接线。

（2）如果以上情况都排除了，接近开关仍无信号返回给PLC，检查接近开关是否损坏，若损坏则更换。检查方法及步骤如下：

① 首先检查接近开关是否有DC24电源。

② 检测接近开关的棕色和蓝色线芯间电压，是否为DC24V左右，如果是，表明开关电源正常。

③ 检查光电开关是否有输出信号（以直接反射式光电开关为例）：检查接近开关是否有输出信号，判断接近开关电源正常后，将金属物体靠近/离开接近开关（不要接触），检测棕色线与黑色线（信号线）间电压是否为DC24V左右（开关后面的指示灯亮起）/DC0V左右（开关后面的指示灯灭），反复几次都如此，说明接近开关完好，反之，说明开关已损坏。

（3）到位后光电开关（NPN型）无信号。

① 检查对射式光电开关发射与接收端是否对正，反射板式光电开关与反射板是否对正。如果不对正，调整使其对正；检查直接反射式光电与被检测物体的距离是否合适，如果不合适，及时调整。

② 检查是否有异物遮挡光电开关，如果有，及时移走。

③ 检查光电开关相关接线是否松动或断路，如果是，需要重新接线。

（4）如果以上情况都排除了，光电开关仍无信号返回给PLC，可能光电开关损坏了，需要更换开关。检查其是否损坏的方法及步骤如下：

① 首先检查光电开关是否有DC24电源。

② 检测接近开关的棕色和蓝色线芯间电压，是否为DC24V左右，如果是，表明开关电源正常。

③ 检查光电开关是否有输出信号（以漫反射式光电开关为例）：判断光电开关已经有电后，把蓝色线上的黑表笔拿下，接触到黑色线（信号线）芯上。将一个物体放在光电开关前面适当位置，这时表的指示为DC24V左右，拿开物体指示DC0V左右，反复几次都如此，说明光电开关是好的，反之，若表的指示一直不变，说明开关已损坏。

（5）气缸动作后，磁环开关信号不正确。

① 磁环开关位置不正，需要调整磁环开关位置，使其指示灯亮起，再重新固定磁环开关；

② 检查磁环开关相关接线是否松动或断路，如是需要紧固或重新接线。

③ PLC输出点判断：晶体管、继电器。电磁阀对应的PLC的输出点完好的情况下，检查电磁阀故障的方法如下：

a. 当PLC的输出点有信号输出时，如果电磁阀指示灯不亮，检查此电磁阀回路是否断路或电磁阀损坏；

b. 电磁阀上指示灯已经亮起，电磁阀换向，但气缸还不动作，检查气动回路；

c. 电磁阀上指示灯已经亮起，电磁阀不换向，可能是阀芯故障。

4. 安全注意事项

（1）硫黄装码垛生产线适用于爆炸性粉尘环境21。

现场电气件具有防爆性能的产品，如表5-10所示。

表5-10 具有防爆性能的产品名称、防爆性能和防爆标志

产品名称	防爆性能	防爆标志
电机	粉尘防爆	DIPA21T4
现场仪表及传感器	粉尘防爆	DIPA21T4
控制柜	粉尘防爆	DIPA21T4
接线盒及操作盘	粉尘防爆	DIPA21T4

（2）按下急停按钮，系统进入紧急停车状态（见表5-11，图5-15）。

表5-11 急停按钮图示、功能及紧急情况处理方法

图示	功能及紧急情况处理方法
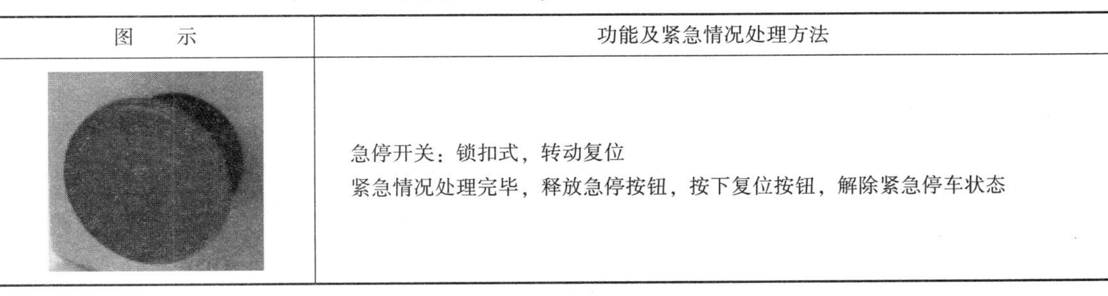	急停开关：锁扣式，转动复位 紧急情况处理完毕，释放急停按钮，按下复位按钮，解除紧急停车状态

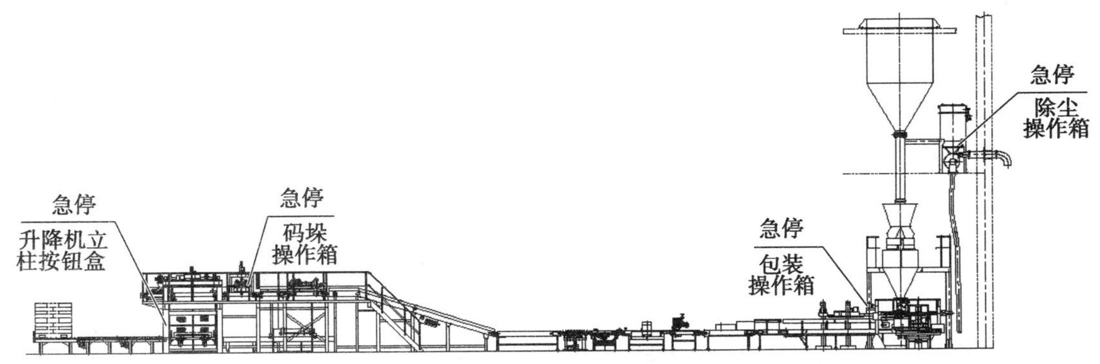

图5-15 垛码机操作系统各阶段急停操作箱

（3）意外起动的预防（见表5-12）。

表5-12 意外起动按钮图示、功能及意外预防方法

图示	功能及意外预防方法
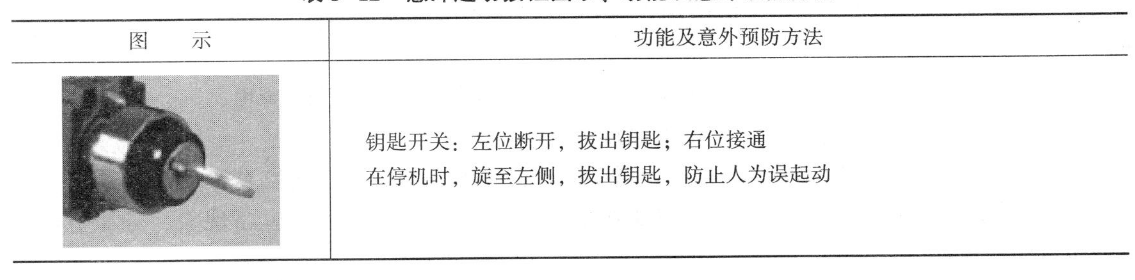	钥匙开关：左位断开，拔出钥匙；右位接通 在停机时，旋至左侧，拔出钥匙，防止人为误起动

（4）数据安全。

运行参数及相关数据需特定权限方可设置、修改，只有经过认证或授权的专业人员才允许输入相应权限的密码，进行相关操作。

（5）故障诊断系统。

发生故障时，故障灯亮、声光报警；操作面板如带有人机界面，在人机界面上会弹出当前故障信息，操作人员可根据故障代码和相应的帮助信息排除故障。

5. 拓展知识阅读推荐

《光电开关原理及应用》，作者：邓重一，《传感器世界》，2003 年 12 期。

项目二　安全联锁的检查及操作

在本生产线控制系统中，控制系统可实现联锁运行方式，联锁关系如图 5-16 所示。

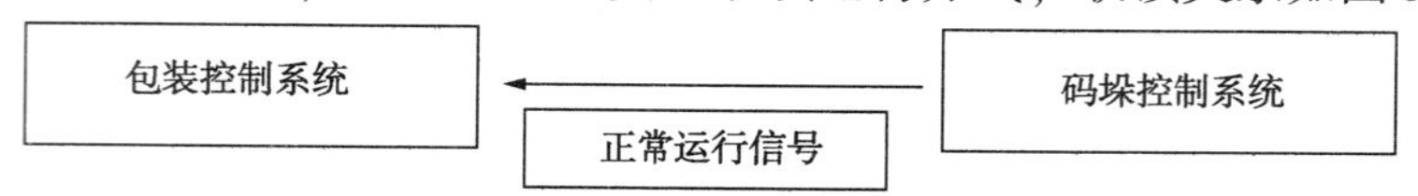

图 5-16　控制系统的联锁关系

联锁关系选通时的具体动作为：

（1）包装控制系统接收到码垛控制系统发出的正常运行信号后，可启动自动运行；如果在运行过程中该正常运行信号撤销，则包装系统处于暂停状态，如果在 30 秒内该正常信号恢复，则包装系统会随之重新启动，超过 30 秒，则包装系统转入停止状态。

（2）当系统间的联锁关系取消后，各系统均可以独立运行。

1. 工作任务

完成对码垛机控制系统的安全联锁的检查及操作。

2. 常用工具

防爆工具、对讲机、万用表。

3. 操作流程

操作前准备：

（1）穿戴劳保着装：主要包括防静电工服与工鞋、安全帽、胶皮手套、防尘口罩、降噪耳塞。

（2）准备相关的操作工具：（19×22）呆扳手、毛刷、干净的抹布。

（3）操作前检查项目、方法、步骤及重点如下。

① 码垛机控制系统通电前检查项目。

a. 按控制系统逐个检查控制柜、箱内器件外观是否完好，接线有无松动或脱落。对应接线图，检查控制柜内、接线盒内电缆电线是否存在错接、漏接现象，如有不良情况，应及时处理。

b. 将控制柜内所有断路器均置于关断状态，将万用表置于电阻档检测。

c. 每级断路器下方接线是否存在短路现象。

d. 变压器（包括隔离变压器和直流电源）源端和输出端是否存在短路或断路现象。

e. 检测控制柜内端子排中标号为 100 和 101 的端子之间是否存在短路现象，如果存在，要及时排除。

f. 检测控制柜内端子排 XT00 中连接电机三相线的端子 U、V、W 是否存在相间短路或断路现象，相间电阻是否平衡；检查电机制动器接线是否正确，注意其接线的正确性。

g. 拔除系统所有触摸屏 24VDC 供电端插头（待通电后检查 24VDC 供电是否正常）。

以上如发现异常现象，必须及时处理。

h. 按元件位置图检查设备通电磁阀、检测开关等元件数量和型号是否正确；按接线图检查现场元件接线是否正确。如果有不正确情况，应立即纠正。

i. 将反射板式光电开关的发射端与反射板、对射式光电开关的发射端与接收端调整到轴线基本对正，并保证检测范围内没有异物。

j. 检查直接反射式光电开关、接近开关的安装方向是否正确，如不正确，及时纠正，并保证开关和运动机件不刮碰。

k. 人工推动或搬动气缸驱动的机件，确认接近开关与开关感应件间的间隙为3~5mm。

② 码垛机控制系统通电后检查项目。

a. 码垛机不启动，接通各控制系统电源，不启动码垛运行，检查如下项目：

检查各单元操作盘上触摸屏+24V与0V间是否为+24VDC，如果正常，将插头插好，触摸屏正常通电。

对照电气图纸或I/O表，逐项核对PLC上所有输入点的状态与对应输入信号的电气元件的状态（包括手工改变后的状态）是否相符。如不相符，检查该输入接线是否接错并改正。

对照电气图纸或I/O表，逐项核对PLC上所有输出点的状态与对应接收输出信号的电气元件的状态是否相符。不相符时，检查该输出接线是否接错并改正。

手动操作盘上的开关、按钮后，其控制的动作及相应指示灯的状态应正确。特别是“急停”按钮应响应灵敏、状态可靠。如有异常情况，应及时查找原因，进行改正。

b. 码垛机启动，按以下要求检查各项内容：

手动操作盘、按钮盒上的开关、按钮后，其控制的动作及相应指示灯的状态应正确。特别是“停止”和“急停”按钮均应响应灵敏、状态可靠。如有异常情况，应及时查找原因，进行改正。

在触摸屏手动操作界面，手动各电机及气缸，注意检查如下要求是否满足，如果不满足，必须切断机组电源、气源后，进行调整。

输送机运行无异常噪音，输送带运动平稳、不跑偏。

齿轮副、链条与链轮啮合应平稳，无异常噪音。

润滑、气动等各辅助系统工作正常，无渗漏现象。

各电机的启动、运转、停止和制动，在手控和自动控制下，均应正确、可靠、无异常现象。如果有异常现象，停机后，检查电机回路供电是否缺相，电机三相绕组是否平衡，是否存在短路等问题；或制动器本身是否有问题。参阅《减速电机使用手册》处理。

接近开关和光电开关，施加人工模拟信号后，系统应响应应正确、可靠。如有不正常情况，应查找原因，及时更正。

操作要点：

（1）斜坡输送机控制操作：料袋输送部分包括斜坡输送机（根据生产线不同配置此部机可能为上斜坡输送机或下斜坡输送机或皮带输送机）、压平机、整形输送机和加速输送机四个部机。斜坡输送机控制系统三种输送机类型及其运行条件见表5-13。

表5-13　斜坡输送机控制操作系统三种输送机类型及其运行条件

动作（执行元件）	执行条件	复位/停止条件	动作结果	故障代码
斜坡输送缓停 （斜坡输送机M1）	1. 整形输送机（M3）缓停 2. 斜坡光电（SG1）ON	整形输送机（M3）缓停解除或斜坡光电（SG1）OFF	完成料袋在斜坡输送机上的缓停	000 018

续表

动作(执行元件)	执行条件	复位/停止条件	动作结果	故障代码
整形输送缓停 (整形输送机 M2)	1. 加速输送机(M4)缓停 2. 整形输送光电(SG2)ON	加速输送机(M4)缓停解除或整形输送光电(SG2)OFF	完成料袋在整形输送机上的缓停	000 018
加速输送缓停 (加速输送机 M3)	1. 转位输送机(M5)缓停 2. 加速输送光电(SG3)ON	转位输送机(M5)缓停解除或加速输送光电(SG3)OFF	完成料袋在加速输送机上的缓停	

检测元件有斜坡光电：位于斜坡输送机出口处，整形输送光电：位于整形输送机出口处，加速输送光电：位于加速输送机出口处。关于斜坡光电、整形输送光电、加速输送光电安装位置调整，应保证光电的检测方向与输送机输送方向垂直，光电检测高度以输送料袋中部为最佳。

在码垛机运转过程中，只要整形输送机运转，斜坡输送机就运转；如果整形输送机处于缓停状态，斜坡输送光电开关(SG1)检测有料袋时，斜坡输送机也随之停止运行，待整形输送机再次启动后，斜坡输送机再启动。

在码垛过程中，整形输送机和加速输送机用于当料袋密集时使料袋输送暂停，以便于使转位机有足够的时间完成转位动作；压平机和整形输送机相配合，对料袋进行压平整形，以保证码垛效果。

在整形输送机和加速输送机的出口处各有一个光电开关(SG2、SG3)，用于控制输送机的动作，即当转位机对料袋进行转位时，如果下一个料袋已到达加速输送机出口的光电开关处，则加速输送机停止输送，此时再有下一个料袋到达整形输送机出口的光电开关处，则整形输送机也随之停止输送。

斜坡光电开关也用于检测堵袋故障，即当料袋外形不规整时，可能造成压平机入口处料袋堆积，此时根据斜坡光电开关的信号，整形输送机和斜坡输送机停止运行，同时给出报警信息。

(2) 转位机控制操作：转位部分包括转位输送机、料袋转位机和转位夹板阀。转位部分名称及其运行条件见表 5-14。

表 5-14 转位机控制操作系统转位部分名称及其运行条件

动作(执行元件)	执行条件	复位/停止条件	动作结果	故障代码
转位输送旋转暂停 (转位输送机 M6)	1. 当前料袋需要转位 2. 夹板阀(YV1)OFF 3. 转位光电(SG4)ON 延时；	1. 夹板阀(YV1)打开到位 2. 下级输送机空	完成料袋在转位输送机处暂停，等待夹板夹持	004 013 014 015 016 017
转位输送缓停 (转位输送机 M6)	1. 转位光电(SG4)ON 延时 2. 下级输送机占位；	下级输送机空	料袋缓停在转位输送机处	
转位夹板夹持/打开 (转位夹板阀 YV1)	1. 转位输送旋转暂停 2. 转位定位 1 或 2 接近开关(SQ1 或 SQ2)ON 3. 转位定位 1、2 接近开关(SQ1、SQ2)均为 ON	转位旋转到位后延时	料袋被夹持，等待转位	
转位机夹持旋转 (料袋转向电机 M5)	1. 转位夹板夹持到位 2. 转位光电(SG4)ON 3. 转位定位 1、2 接近开关(SQ1、SQ2)OFF	转位旋转到位	料袋根据工艺完成相应旋转	

续表

动作(执行元件)	执行条件	复位/停止条件	动作结果	故障代码
转位机返回旋转(料袋转向电机 M5)	1. 转位夹板打开到位 2. 转位定位 1 或 2 接近开关(SQ1 或 SQ2)ON 3. 转位定位 1、2 接近开关(SQ1、SQ2)均为 ON	转位定位 1、2 接近开关(SQ1、SQ2)再次为 ON	转位机构旋转回初始位	004 013 014 015 016 017

检测元件有转位光电：位于转位输送机中部，转位定位接近开关。关于转位光电开关安装位置调整，应保证光电放置在输送机中间位置，且光电发射端和接收端与输送机有一定倾斜角度，光电检测高度以输送料袋中部为最佳。

转位的目的是为了满足 3/2 和 2/3 编组的要求，并且使料袋缝口全部朝向内侧。转位机包括输送带和转位机构两个部分，用于对料袋进行±90 度和±180 度的转位和料袋的输送。检测元件有转位光电开关(SG4)及转位定位接近开关(SQ1、SQ2)。转位控制过程如下：

当需要转位的料袋到达转位光电开关处时，光电开关为 ON，转位夹板电磁阀得电，夹板气缸缸杆伸出，带动夹板动作，将料袋夹住，同时输送带停止，转位电机驱动转位夹板按需要进行±90 度或±180 度的转位，当正转时，变频控制端 LI1 为 ON，反转时，变频控制端 LI2 为 ON；电机转动时首先变频控制端 LI3 为 ON，电机高速运转，当接近转动到位时，LI4 也同时为 ON，电机变为低速运转，到达转动位置时，所有变频控制端为 OFF，电机停止。

当转位电机带动转位夹板正转或反转到位时，转位夹板定位接近开关向 PLC 发出定位完成信号，转位夹板电磁阀失电，夹板气缸缸杆缩回，带动夹板抬起。PLC 根据编组机上的编组信号决定是否启动转位输送机输送料袋。如果编组机满，则输送机不启动，否则输送机启动，将料袋输送给编组机。

(3) 编组机控制操作。

检测元件有编组光电开关 1：位于转位机(或缓停编组机)出口处，编组光电开关 2：位于编组机入口处。关于编组光电开关 1、编组光电开关 2 安装位置调整，首先需保证两个光电间距应小于一个料袋的宽度，若编组时料袋间的间距过大，可将编组光电开关 1 向编组机方向移动，反之向转位机方向移动，光电检测高度以输送料袋中部为最佳。

表 5-15 编组机控制操作系统名称及其运行条件

动作(执行元件)	执行条件	复位/停止条件	动作结果	故障代码
非编组满进袋(编组电机 M8)	编组光电开关 1(SG5)ON	编组光电开关 1(SG5)OFF	非整组的料袋进入编组机	011 012 019 048
编组满进袋(编组电机 M8)	编组光电开关 1(SG5)ON	编组光电开关 2(SG6)OFF 延时	整组料袋进入编组机	

编组机用于实现料袋的编组，编组方式为：横袋时 2 袋为一组，竖袋时 3 袋为一组。编组机处有 2 个光电开关，分别是编组传送 1 光电开关(位于转位输送机末端 SG5)、编组传送 2 光电开关(位于编组机的入口处 SG6)。编组机控制操作系统名称及其运行条件见表 5-15。控制过程如下：

如果进入编组机的料袋不是一组中的最后一袋，则当料袋到达编组传送 1 光电开关处时，编组机启动，将料袋向前输送，直到料袋完全通过编组传送 1 光电开关时停止；如果进入编组机的料袋是一组中的最后一袋时，则当料袋到达编组传送 1 光电开关处时，编组机启动，直到该料袋向前越过编组传送 2 光电开关，即越过推袋机的侧挡板时，编组机才停止。

当编组完成，编组机中的料袋已满(横 2 袋或竖 3 袋)，同时编组传送 2 光电开关为 OFF，此时推袋机可进行推袋。

(4) 推袋机控制操作：推袋部分包括推袋电机和推袋推板阀。

推袋机处共有 8 个接近开关，分别是推袋后位、推袋后位减速位、推袋中位减速位、推袋中位、推袋前位减速位、推袋前位、推板开位和推板关位。推袋机控制操作系统名称及其运行条件见表 5-16。

表 5-16　推袋机控制操作系统名称及其运行条件

动作(执行元件)	执行条件	复位/停止条件	动作结果	故障代码
推袋板关闭/打开(推袋阀 YV2)	1. 推袋后位(SQ5)ON 2. 编组满进袋完成	推袋机推至前位完成或推袋机推至中位完成	推袋板关闭	0 0
推袋推至中位：后位至中位减速位(推袋电机 M9)	1. 推袋后位(SQ5)ON 2. 推板关位(SQ4)ON 3. 编组光电开关 2(SG6)OFF 4. 编组满进袋完成 5. 料袋未满一层 6. 推袋前位(SQ10)OFF	推袋中位减速位(SQ7)ON	推袋机高速将料袋从推袋后位推至中位减速位	
推袋推至中位：中位减速位至中位(推袋电机 M9)	1. 推袋中位减速位(SQ7)ON 2. 推袋推至中位过程中	推袋中位(SQ8)ON	推袋机低速将料袋从推袋中减速位推至中位	
推袋推至前位：后位至前减位(推袋电机 M9)	1. 推袋后位(SQ5)ON 2. 推板关位(SQ4)ON 3. 编组光电开关 2(SG6)OFF 4. 编组满进袋完成 5. 料袋满一层 6. 推袋前位(SQ10)OFF 7. 分层机关位(SQ16)ON 8. 分层机满光电开关(SG8)OFF	推袋前位减速位(SQ9)ON	推袋机高速将料袋从推袋后位推至前位减速位	001 009 010 034 035 036 037 055
推袋推至前位：前位减速位至前位(推袋电机 M9)	1. 推袋前位减速位(SQ9)ON 2. 推袋推至前位过程中	推袋中位(SQ8)ON	推袋机低速将料袋从推袋前位减速位推至前位	
推袋返回：前位或中位至后位减速位(推袋电机 M9)	1. 推袋至中位或前位完成 2. 推板开位(SQ3)ON(返回到中位以后条件)	推袋后位减速位(SQ6)ON	推袋机高速返回，从前位或中位至后位减速位	
推袋返回：后位减速位至后位(推袋电机 M9)	1. 推袋后位减速位(SQ6)ON 2. 推袋返回过程中	推袋后位(SQ5)ON	推袋机低速返回，从后位减速位至后位	

推袋是将编组机上的料袋推至中间过渡位置或直接推至分层机分层板，动作由推袋机的推袋小车完成。推袋小车由电机驱动，其启停、速度和方向由变频器进行控制。小车上推袋板的开合由气缸驱动，相应的电磁阀为推袋板阀（YV2）。推袋小车向前推袋时气缸杆伸出，推袋板闭合，推袋小车返回时气缸杆缩回，推袋板打开。

推袋的位置及推袋板的开合状态通过接近开关进行检测，在推袋机处共有 8 个接近开关，分别是推袋后位（SQ5）、推袋后位减速位（SQ6）、推袋中位减速位（SQ7）、推袋中位（SQ8）、推袋前位减速位（SQ9）、推袋前位（SQ10）、推板开位（SQ3）和推板关位（SQ4）。控制过程如下：

码垛机进入自动运行状态时，推袋小车初始处于推袋后位，推袋板为打开状态，此时推袋后位接近开关和推袋板开接近开关均为 ON；若小车不在初始位，则推袋机自动完成停止前记忆的动作后，再返回初始位。

当编组机中的料袋已满，且满足推袋条件时，推袋板阀得电，推袋板气缸缸杆伸出，推袋板关闭，推袋板关位接近开关由 OFF 变为 ON。根据当前的进袋数为半层或一层，推袋机分别将料袋推到中位或前位（每次推袋小车启动时均以预置速度 2 对应的速度高速运行，此时变频器的预置速度控制端 27 为 ON）。

如果当前进袋数为半层，推袋小车推袋运行中——当推袋中位减速位接近开关为 ON 时，变频器的预置速度控制端 27 为 ON，29 为 ON，选择预置速度 4，使推袋小车变为低速运行。当推袋中位接近开关为 ON 时，变频器的各控制端均为 OFF，推袋小车停止，半层料袋被推到中位（过渡板上）。

如果当前进袋数为一层，推袋小车推袋运行中——当推袋前位减速接近开关为 ON 时，变频器的预置速度控制端 27 为 ON，29 为 ON，选择预置速度 4，使推袋小车变为低速运行。当推袋前位接近开关为 ON，变频器的 18、19 控制端均为 OFF，推袋小车停止，一层料袋被推到分层板上。

半层或一层料袋推袋到位后，推袋板阀失电，推袋板气缸缸杆缩回，推袋板打开，推袋板开位接近开关由 OFF 变为 ON。小车以预置速度 2 对应的速度反向高速启动。当推袋小车到达推袋后位减速位置时，推袋后位减速接近开关为 ON，变频器的预置速度控制端 27 为 ON，29 为 ON，选择预置速度 4，使推袋小车变为低速运行。到达推袋后位时，推袋后位接近开关为 ON，变频器的 18、19 控制端均为 OFF，推袋小车停止。然后准备下一次推袋。

在手动运行时，无论是向前推袋还是返回，变频器的 27 端均为 OFF、29 端为 ON，即选择预置速度 3 对应的手动速度。

（5）侧边整形、分层、压袋控制操作。

侧边整形机包括侧整形板机构和侧整形阀。检测元件有分层满光电：位于两侧侧整形板上。为保证分层满光电信号可靠，需将反射板式或对射式分层满光电两侧对正，保证在侧整形伸出缩回时，分层满光电不出现晃动。侧边整形控制操作系统运行条件见表 5-17。

表 5-17 侧边整形控制操作系统运行条件

动作（执行元件）	执行条件	复位/停止条件	动作结果	故障代码
侧边整形板伸出/缩回（侧边整形阀 YV4）	1. 分层满光电开关（SG8）ON 2. 压袋上位（SQ12）ON 3. 推袋机返回	当压袋完成后返回时	侧边整形伸出，将整层料袋整理紧凑	

在自动运行状态下，初始状态时，分层机的侧边整形板为缩回状态。当推袋小车将满一层的料袋推到分层机分层板上时，分层机满光电开关为ON，并且推袋板打开后（推袋板开接近开关为ON），侧边整形阀得电，两侧整形气缸缸杆同时伸出，带动侧边整形板伸出并保持伸出状态，将一层料袋整理紧凑。

压袋机：压袋机包括压袋机构和压袋阀。

检测元件有压袋上位接近或磁环开关（以项目实际配置为准），位于压袋机构上部。当压袋阀返回至上位时，压袋上位处于ON状态。压袋机控制操作系统运行条件见表5-18。

表5-18 压袋机控制操作系统运行条件

动作（执行元件）	执行条件	复位/停止条件	动作结果	故障代码
压袋板伸出/缩回（压袋阀YV3）	1. 压袋上位（SQ12）ON 2. 分层机开减速位（SQ14）ON 3. 侧边整形板伸出到位	压袋板压袋一定时间后	压袋板伸出，将整层料袋整理压实	056

分层机：分层机包括分层机构和分层电机。

在分层机下边缘同侧装有4个接近开关，分别是：分层开位、分层开减速位、分层关减速位、分层关位。分层开位和分层开减速位之间的距离、分层关位和分层关减速位之间的距离，不要过小，建议200mm左右；同时根据物料的特性及码垛速度，适当调整分层关位的位置，使两块分层板之间的间隙适中。分层机控制操作系统及其运行条件见表5-19。

表5-19 分层机控制操作系统及其运行条件

动作（执行元件）	执行条件	复位/停止条件	动作结果	故障代码
分层打开： 关位至开减速位（分层电机M10）	1. 压袋上位（SQ12）ON 2. 分层机满光电开关（SG8）ON 3. 分层机关位（SQ16）ON 4. 侧边整形板伸出到位 5. 升降机上升临界光电（SG9A/SG9B）ON 或升降机上升限位1（SQ18）ON 或升降机上升限位2（SQ23）ON	分层机开减速位（SQ14）ON	分层高速打开，从关位至开减速位	002 007 038 040
分层打开： 开减速位至开位（分层电机M10）	1. 分层机开减速位（SQ14）ON 2. 分层打开过程中	分层机开位（SQ13）ON	分层低速打开，从开减速位至开位	
分层关闭： 开位至关减速位（分层电机M10）	1. 压袋上位（SQ12）ON 2. 分层机满光电开关（SG8）OFF 3. 升降机上升临界光电（SG9A/SG9B）OFF 4. 分层机开位（SQ13）ON	分层机关减速位（SQ15）ON	分层高速关闭，从开位至关减速位	002 008 039 040
分层关闭： 关减速位至关位（分层电机M10）	1. 分层机关减速位（SQ15）ON 2. 分层关闭过程中	分层机关位（SQ16）ON	分层低速关闭，从关减速位至关位	

推上分层板的料袋将进行侧边整形。侧边整形的目的是使料袋之间比较紧凑，保证垛形外观整齐；分层是分层机将由推袋小车推上分层机分层板的一层料袋放置在升降机拖架的托盘上；压袋是压拍在一层料袋码垛的同时，将整层料袋压平。一层料袋的侧边整形、分层、压袋动作完成后。升降机才开始下降动作。

分层机分层板由电机驱动，变频器控制；侧边整形机构、压拍由气缸驱动，相应的电磁阀为侧边整形阀(YV4)、压袋阀(YV3)。分层机分层板的启停、运行速度和开合方向由分层电机变频器控制。

分层机分层板的位置通过接近开关进行检测，在分层板下方共有4个接近开关，分别是分层机开位(SQ13)、分层机开减速位(SQ14)、分层机关减速位(SQ15)和分层机关位(SQ16)。分层机上的料袋是否到位通过位于侧边整形板后面的分层机满光电开关(SG8)进行检测。压袋气缸侧面有两个接近开关，检测压拍的位置，分别是压袋上位(SQ13)接近开关。控制过程如下：

码垛机进入自动运行状态时，分层机分层板初始处于关闭位置，此时分层机关接近开关为ON。当推袋机将一层5个料袋推上分层板后，分层机满光电开关为ON，侧边整形动作并保持。

如果升降机已经在上升临界位置定位，即升降机上升临界光电开关为ON时，则PLC使分层电机变频器正转控制端LI1为ON，预置速度控制端27为ON，29为OFF，分层机以预置速度2对应的速度正向高速启动，分层板向两侧打开。

当分层板到达分层机开减速位置时，分层机开减速接近开关为ON，此时PLC使变频器的预置速度控制端27为ON，29为ON，选择预置速度4，使分层板变为低速运行。到达打开位置时，分层机开接近开关为ON，变频器的18、19控制端均为OFF，分层板停止运动。这时料袋已经落在升降托架上的托盘上，压拍开始动作，对料袋进行压平。

压拍动作一定时间(此时间可通过触摸屏设定，不同种类物料时间不同)后，侧边整形和压拍复位。升降机开始下降，当到达预定位置后停止。这时PLC使分层电机变频器反转控制端LI2为ON，预置速度控制端27为ON，29为OFF，分层机分层板以预置速度2对应的速度反向高速启动。当分层板到达分层机关减速位置时，分层机关减速接近开关为ON，此时PLC使变频器的预置速度控制端27为ON，29为ON，选择预置速度4，使分层板变为低速运行。到达关闭位置时，分层机关接近开关为ON，变频器的18、19控制端均为OFF，分层板停止运动，完成一个动作循环。

在手动运行时，无论是打开还是关闭分层机分层板，变频器的27端均为OFF、29端为ON，即选择预置速度3对应的手动速度。

(6) 升降机控制操作：升降机由垛1吊篮、升降配重和升降电机组成。

在升降机下方配重导轨旁从上到下装有4个接近开关，分别是升降下降限位2、升降机下降减速、升降机上升减速、升降上升限位2，在升降机下方吊篮侧导轨旁从上到下装有2个接近开关，分别是升降上升限位1、升降下降限位1，同时在分层板下方的两个对角，分别装有1对对射式光电，均为上升临界光电。升降机控制操作系统名称及其运行条件见表5-20。

表 5-20　升降机控制操作系统名称及其运行条件

动作(执行元件)	执行条件	复位/停止条件	动作结果	故障代码
空托盘上升： 下降限位至上升减速位(升降电机 M11)	1. 升降机下降限位 1(SQ19)ON 或升降机下降限位 2(SQ20)ON 2. 垛盘输送 1 光电(SG13)ON 3. 分层机关位(SQ16)ON 4. 升降机上升临界光电(SG9A/SG9B)OFF 或升降机上升限位 1(SQ18)OFF 或升降机上升限位 2(SQ23)OFF 5. 托盘挡铁阀(YV7)ON 6. 满垛信号 OFF	升降机上升减速位(SQ22)ON	升降机高速上升，从下降限位至上升减速位	003 005 041 042
空托盘上升： 上升减速位至上升限位(升降电机 M11)	1. 升降机上升减速位(SQ22)ON 2. 空托盘上升过程中	升降机上升临界光电(SG9A/SG9B)ON 延时 或升降机上升限位 1(SQ18)ON 或升降机上升限位 2(SQ23)ON	升降机低速上升，从升降机上升减速位至上升限位	
层满下降： 高速下降部分(升降电机 M11)	1. 压袋完成 2. 分层机开位(SQ13)ON 3. 升降机上升临界光电(SG9A/SG9B)ON 4. 满垛信号 OFF	升降机上升临界光电(SG9A/SG9B)OFF	升降机高速下降离开上升临界位	002 008 039 040
层满下降： 低速下降部分(升降电机 M11)	1. 升降机上升临界光电(SG9A/SG9B)OFF 2. 层满下降过程中	升降机上升临界光电(SG9A/SG9B)OFF 延时	升降机低速下降离开上升临界位一定距离	
层满上升(升降电机 M11)	1. 升降机下降限位 1(SQ19)OFF 2. 升降机下降限位 2(SQ20)OFF 3. 升降机上升临界光电(SG9A/SG9B)OFF 4. 分层机关位(SQ16)ON 5. 满垛信号 OFF	升降机上升临界光电(SG9A/SG9B)ON	升降机低速上升至上升临界位	
满垛下降： 上升临界位至下降减速位(升降电机 M11)	1. 满垛信号 ON 2. 升降机下降限位 1(SQ19)OFF 3. 升降机下降限位 2(SQ20)OFF	升降机下降减速位(SQ21)ON	升降机高速下降从上升临界位至下降减速位	003 006 041 043 044
满垛下降： 下降减速位至升降机下限位(升降电机 M11)	1. 升降机下降减速位(SQ21)ON 2. 满垛下降过程中	升降机上升临界光电(SG9A/SG9B)OFF 延时	升降机低速下降从下降减速位至升降机下限位	

升降机的下限位 2，用来保证确认当升降机降至低点时，升降机吊篮略低于垛盘 1 输送机平面，升降机的下限位 1，用来对升降机下降至垛 1 排垛合适的高度再次做出检测确认。升降机的上升限位 2，当使用托盘时升降机上升的最高点，升降机吊篮略低于分层机平面，升降机的上限位 2，当仅使用纸板时升降机上升的最高点。

分板下方的两个上升临界光电，两个光电信号串联来起来使用，临界光电与分层板之间的间隙，就是垛盘上升时顶层与分层板之间的距离。升降机用于升降空托盘或半垛，配合分层机进行码垛动作。

升降机的启停、运动速度和升降方向由 PLC 通过升降电机变频器进行控制。升降电机带有制动器，升降机运动时制动器通电释放，停止时制动器断电制动。制动器的电源通断由 PLC 通过控制接触器的通断来实现。

升降机的位置通过接近开关和光电开关进行检测，在升降机配重导轨处由下至上分别是升降机上升限位 2(SQ23)、升降机上升减速位(SQ22)、升降机下降减速位(SQ21)、升降机下降限位 2(SQ20)接近开关；在升降托架导轨处由上到下分别是升降机上升限位 1(SQ18)、升降机下降限位 1(SQ19)接近开关；在分层机框架对角线方向装有两个对射式光电开关，称为升降机上升临界 1(SG9A)和上升临界 2 光电开关(SG9B)。

控制过程为：

码垛机处于自动运行状态时，在码放第 1 层料袋之前，升降机升到最高位置，此时升降机上限位 1、2 接近开关至少有一个状态为 ON，并且两个升降机上升临界光电开关至少有一个状态为 ON。

每当分层机分层板打开，放下一层料袋，分层机开接近开关为 ON 时，压袋阀得电，压袋气缸缸杆伸出，带动压拍向下运动，完成压袋动作后，压袋阀失电，压袋气缸杆缩回，同时升降电机变频器反转控制端 LI2 为 ON，预置速度控制端 27 为 ON，29 为 OFF，升降机以预置速度 2 对应的速度反向高速启动，升降机开始下降，直到上升临界光电为 OFF，预置速度控制端 27 为 ON，29 为 ON，升降机以预置速度 4 对应的速度低速下降，当低速下降时间到达触摸屏设定的“升降机下降低速时间”后，升降电机变频器的控制端 18、19 为 OFF，升降机停止。

待分层机分层板关闭后，分层机关接近开关为 ON，变频器正转控制端 18 为 ON，预置速度控制端 27 为 ON，29 为 ON，升降机以预置速度 4 对应的速度正向低速启动，升降机开始上升，直到两个升降机上升临界光电开关为 ON 一段时间(此时间可通过触摸屏设定，不同种类物料时间不同)，即“上升临界遮光时间”到后，变频器 18、19 控制端为 OFF，升降机停止，为码下一层料袋做准备。

在分层机打开、升降机下降过程中，如果计数判断已码完设定的层数，则升降机不再等分层机分层板关闭后低速上升，此时垛盘输送机 1 上的托盘定位挡板降下，同时升降电机变频器预置速度控制端 27 保持为 ON，29 变为 OFF，升降机以预置速度 2 对应的速度反向高速下降，当升降机下降减速开关为 ON 时，29 又置为 ON，升降机转为以预置速度 4 对应的速度低速下降，直到升降机下限位 1 和下限位 2 接近开关中至少有一个为 ON 时，PLC 控制变频器的 18、19 控制端为 OFF，升降机停止运行。

若此时升降机下限位 1 和下限位 2 接近开关同时为 ON，则满足排垛条件，如果垛盘输送机 2 为空，则垛盘输送机 1 启动排垛；如果两个接近开关其中一个为 OFF，则通过触摸屏发出报警信号，设备进入故障停车状态。

当空托盘在垛盘输送机 1 上输送到位后，升降电机变频器正转控制端 LI1 为 ON，预置速度控制端 27 为 ON，29 为 OFF，升降机以预置速度 2 对应的速度正向高速启动，升降机开始上升，当到达升降机上升减速位接近开关处时，仍保持 LI1 端为 ON，预置速度控制端 27 为 ON，29 变为 ON，升降机转为以预置速度 4 对应的速度低速上升，直到升降机上限位 1、2 接近开关或上升临界 1、2 光电开关中至少有一个为 ON 时，PLC 控制变频器的控制端均为 OFF，升降机停止，开始下一个码垛循环。

在手动运行时，无论是升降机上升还是下降，变频器的 27 端均为 OFF、29 端为 ON，即选择预置速度 3 对应的手动速度运行。

（7）托盘仓、托盘输送、垛盘输送。

托盘仓：托盘仓由托盘仓本体、托盘底缸阀和托盘叉阀组成。

在托盘仓底缸阀旁有托盘仓底缸上位、托盘仓底缸中位 2 个接近开关，在托盘仓侧面装有托盘仓托盘检测光电开。托盘仓控制操作系统名称及其运行条件见表 5-21。

表 5-21　托盘仓控制操作系统名称及其运行条件

动作(执行元件)	执行条件	复位/停止条件	动作结果	故障代码
托盘托架上升/下降(托盘底缸阀 YV5)	1. 托盘传送位(SG11)OFF 2. 托盘等待位(SG12)OFF 3. 托盘输送电机(M12)OFF 4. 托盘仓托盘检测(SG10)ON	1. 托盘底缸阀(YV5)ON 2. 托盘叉阀(YV6)ON 延时	托盘托架上升，将托盘垛顶起。 托盘托架下降，与托盘叉配合将托盘放置到托盘输送机上	020
托盘叉打开/关闭：托盘传送位无托盘(托盘底缸阀 YV6)	1. 托盘底缸阀(YV5)ON 2. 托盘仓底缸上位(SQ24)ON	1. 托盘底缸阀(YV5)OFF 2. 托盘仓底缸中位(SQ25)ON	托盘叉打开，托盘垛落在托盘托架上。 托盘叉关闭，将托盘垛支撑住	

托盘底缸上位、托盘底缸中位配合托盘底缸阀和托盘叉阀，将托盘逐个放入托盘输送机上。根据托盘底缸阀完全顶起时托盘底缸检测片的位置，确认托盘底缸上位位置，然后根据托盘底缸阀和托盘叉阀气缸的动作，调整托盘底缸中位位置。托盘仓是码垛机中存储空托盘的装置，其托盘托板、托盘叉由气缸驱动，相应的电磁阀为托盘仓底缸阀(YV5)、托盘叉阀(YV6)。两个气缸协调动作将仓中的空托盘依次放置到托盘输送机上。

检测托盘仓动作的检测开关包括托盘不足(SG10)、托盘传送位(SG11)2 个光电开关和托盘仓底缸上位(SQ24)、托盘仓底缸中位(SQ25)2 个接近开关。控制原理如下：

托盘仓中的托盘是由叉车放入的，按设计标准可放置 10 个托盘。当托盘仓中的托盘数量少于 3 个时，托盘不足光电开关变为 ON，声光报警器发出声光报警信号，报告托盘仓中托盘不足，通知叉车向托盘仓内续放托盘。当托盘叉上还有托盘时，可直接将成垛的空托盘放入托盘仓中；否则，放入空托盘前，需按托盘上升按钮，此时托盘仓升降气缸电磁阀得电，托盘仓升降气缸缓慢推升托盘托架，当上升停止后，叉车可将托盘放入，再按托盘下降按钮，托盘仓升降气缸电磁阀失电，升降气缸下降，当中位接近开关为 ON 时，托盘叉气缸电磁阀失电，托盘叉在气缸的作用下收拢，插入倒数第二个托盘的叉孔中，从而将其上的托盘支撑住。升降气缸继续下降到初始位置，并把托盘架上的托盘放置在托盘输送机上，托盘传送位光电开关变为 ON。

托盘仓升降气缸每升降一次，就将仓中最下面的托盘放置到托盘输送机上。如果托盘仓下的托盘传送位上无托盘，即需要托盘仓释放托盘时，托盘仓升降气缸电磁阀得电，托盘仓升降气缸上升，当升到上位，即托盘仓底缸上位接近开关为 ON 时，托盘叉气缸电磁阀得电，仓体两侧的四个托盘叉同步打开，仓内托盘全部落在托盘架上，此时托盘仓升降气缸继续上升直到杠杆全部伸出，延时后，托盘仓升降气缸电磁阀失电，升降气缸下降，向托盘输送机上放置托盘，过程同按托盘下降按钮后的过程。

自动运行时，当托盘输送机等待位及托盘仓下传送位处都没有托盘时，托盘等待位光电开关和托盘传送位光电开关均为 OFF，托盘仓升降气缸动作一个循环，将最下面一个托盘放置在托盘输送机上。

托盘输送机：由托盘输送机组成。在托盘输送机上有托盘传送位、托盘等待位 2 个光电开关。其运行条件见表 5-22。

表 5-22　托盘输送机控制操作系统及其运行条件

动作（执行元件）	执行条件	复位/停止条件	动作结果	故障代码
传输位至等待位（托盘输送电机 M12）	托盘传送位（SG11）ON 托盘等待位（SG12）OFF 托盘底缸阀（YV5）OFF 托盘叉阀（YV6）OFF	托盘等待位（SG12）ON	将托盘从传输位输送至等待位	021 022 023 024
等待位至垛盘输送机 1 处（托盘输送电机 M12）	托盘等待位（SG12）ON 垛盘输送电机（M13）ON 延时	托盘底缸阀（YV7）ON 垛盘输送 1 光电（SG13）ON 延时	将托盘从等待位输送至垛盘输送机 1 处	

当设备没有托盘等待位光电开关时，在接线盒处端子上将托盘传送位和托盘等待位两个信号短接。

垛盘输送机：垛盘输送机由垛盘输送机 1 和一组垛盘输送机组成，在垛盘输送机 1 上装有托盘定位挡铁阀。

托盘定位挡铁气缸装有托盘定位挡铁下位，垛盘输送机 1 通过垛盘 1 光电开关定位托盘，垛盘输送机 2 及以后的每一节垛盘输送机均带有 1 个接近开关定位垛盘。托盘在垛盘输送机 1 的到位时间可由操作面板的触摸屏设定。垛盘输送机 2 以后的垛盘输送机数量需与操作面板设定参数一致。托盘输送机用于将托盘仓放下的空托盘输送到托盘等待位，以缩短排垛后空托盘到位时间，并且在排垛时将空托盘送至垛盘输送机 1 上。输送机由电机驱动。

托盘输送机处的位置检测元件只有 1 个，即托盘等待位光电开关。控制原理如下：

在自动运行状态下，当托盘仓放下一个托盘时，托盘仓下托盘传送位光电开关为 ON，这时托盘输送机启动，直到托盘到达等待位，即托盘等待位光电开关由 OFF 变为 ON 时，托盘输送机停止，如果在此过程中托盘尚未输送到位时按下了停止或急停按钮，则当系统再次自动运行时，托盘输送机自动启动，将托盘输送到等待位。托盘控制操作系统名称及运行条件见表 5-23。

如果码垛机码完一垛，垛盘排出时，托盘输送机随之启动，将等待位上的空托盘送到垛盘输送机 1 上，直到托盘到位后，垛盘输送 1 光电开关由 OFF 变为 ON，托盘输送机才停止。

表 5-23　托盘控制操作系统名称及运行条件

动作(执行元件)	执行条件	复位/停止条件	动作结果	故障代码
托盘定位挡铁上升/下降(托盘挡铁阀 YV7)	1. 升降机下降限位 1(SQ19)ON 或升降机下降限位 2(SQ20)ON 2. 垛盘输送 1 光电(SG13)OFF 延时	升降机下降限位 1(SQ19)/下降限位 2(SQ20)OFF 延时 或满垛信号 ON、升降机下降限位 1(SQ19)OFF、升降机下降限 2(SQ20)OFF	托盘定位挡板上升/下降	025 026
垛盘 1 输送机排垛(垛盘 1 输送电机 M13)	1. 升降机下降限位 1(SQ19)ON 2. 升降机下降限位 2(SQ20)ON 3. 垛盘输送 1 光电(SG13)ON 4. 托盘挡铁阀(YV7)OFF 5. 满垛信号 ON 6. 垛盘输送 2 位置 OFF	托盘挡铁阀(YV7)ON 且垛盘输送 1 光电(SG13)OFF 或垛盘输送 2 位置 ON	垛盘 1 输送机将垛盘排出	
垛盘输送机(除垛 1 外)排垛(垛盘输送电机 M14、15、…)	1. 本节输送位置检测 ON 2. 下节输送位置检测 OFF	下节输送位置检测 ON	垛盘输送，逐级缓停	027 028 029

码垛机系统中共有 4 个垛盘输送机，其中垛盘输送机 1 位于升降机下方，垛盘输送机 2、3、4 位于排垛下线位处。垛盘输送机 1、2、3 均为有动力输送机，电机驱动；垛盘输送机 4 为无动力输送机。这 4 个输送机用于将垛盘排出并输送到下线位，由叉车下线入库。

每个垛盘输送机上带有一个检测垛盘位置的检测开关。控制原理如下：

自动运行时，如果垛盘输送机 2、3、4 上的接近开关都为 ON，即垛盘已经将下线位的输送机占满，这时声光报警器发出满垛报警，通知叉车将垛盘叉走。如果这 3 个接近开关不全为 ON，则系统将有空垛位标志置位。

当码垛机码完一垛，升降机开始下降时，垛盘输送机 1 上的托盘定位挡板气缸电磁阀得电，挡板下降。当升降机下降到位后，如果后面的输送机满垛，则垛盘将在垛盘输送机 1 上停留等待，如果有空垛位，则垛盘输送机 1 和垛盘输送机 2 同时启动，开始排垛。

当垛盘离开垛盘输送机 1 码垛位时，垛盘输送机 1 光电开关由 ON 变为 OFF，托盘定位挡板气缸电磁阀失电，挡板升起，将由托盘输送机输送过来的空托盘挡住。垛盘输送机 1 将保持运转，直到空托盘输送到位，垛盘输送机 1 光电开关由 OFF 变为 ON 时停止。

当垛盘被送出垛盘输送机 1 码垛位后，如果垛盘输送机 3、4 上均有垛盘时，即垛盘输送机 3、4 接近开关均为 ON，则新的垛盘到达垛盘输送机 2 上后，垛盘输送机 2 接近开关由 OFF 变为 ON，垛盘输送机 2 停止；如果垛盘输送机 3、4 上有空垛位，则垛盘输送机 2 保持运转，直到垛盘被送出垛盘输送机 2，垛盘输送机 2 接近开关由 ON 变为 OFF 时，垛盘输送机 2 才停止。垛盘输送机 3 的动作原理与此类似。

4. 质量标准

输送机运行无异常噪音，输送带运动平稳、不跑偏；齿轮副、链条与链轮啮合应平稳，无异常噪音；润滑、气动等各辅助系统工作正常，无渗漏现象；各电机的启动、运转、停止和制动，在手控和自动控制下，均应正确、可靠、无异常现象。

5. 安全注意事项

（1）此范围动作件的力度较大，严禁进入。若需要进入此区域，须断电、断气、释放气动管路中的残压，且必须将两安全销插入配重侧立柱的销孔内，方可进入。

（2）推袋动作范围及转位机构的回转范围，若有进入需要，必须按动操作盘上的“码垛停止”或“急停”按钮，确保断电、断气，方可进入。

（3）安全护栏围成的区域严禁进入，若有进入需要，必须按动护栏侧门上“急停”按钮，确保断电、断气，方可进入。

6. 拓展知识阅读推荐

《安全联锁系统在化工装置中的重要性与控制实现》，作者：莫勇，《科技与企业》2012年09期。

项目三　码垛机触摸屏操作

操作界面包括操作盘及现场按钮盒。

操作面板：码垛机操作箱操作面板如图 5-17 所示，由一个触摸屏、一个钥匙开关、一个急停开关和三个平头按钮组成。下面分别介绍按钮及触摸屏界面。

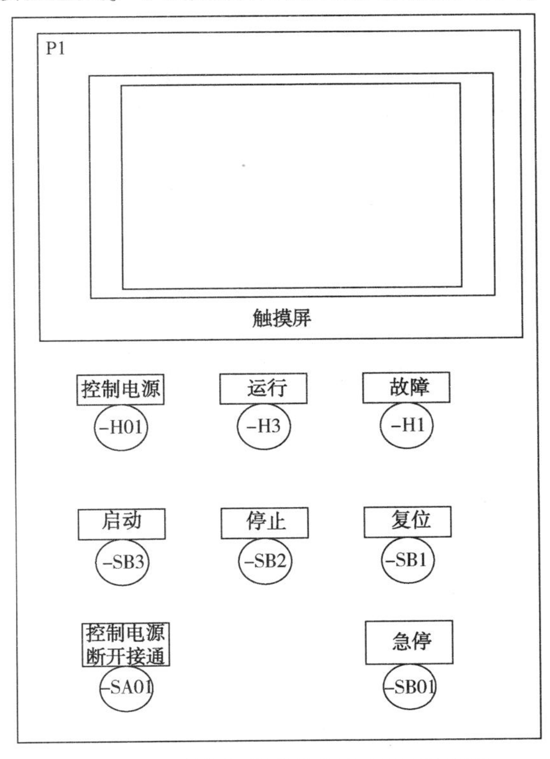

图 5-17　码垛机操作箱操作面板示意图

按钮开关名称、种类及相应的功能见表 5-24。

表 5-24　按钮开关名称、种类及相应的功能

名　称	种　类	功　能
控制电源	指示灯，红色	当钥匙开关接通时点亮
运行	指示灯，绿色	当码垛机处于自动运行状态时点亮
故障	指示灯，红色	当有故障报警发生时点亮
复位	按钮开关，黄色	在码垛机停止状态下按复位按钮，将使变频器的普通故障复位，清除当前的故障报警
启动	按钮开关，绿色	用于在自动状态下启动码垛机进入自动运行状态
停止	按钮开关，红色	用于将码垛系统从自动运行状态转为停止状态
控制电源断开/接通	钥匙开关	用于接通或断开 PLC 输出通道控制电机接触器的电源和控制电磁阀的 24V 直流电源
急停	红色蘑菇头按钮	此按钮带自锁，按下后切断 PLC 输出通道电源，码垛机将无法启动，使码垛机可靠地处于停止状态。若要再启动码垛机，必须将此开关拉拔复位

触摸屏界面主画面：码垛机触摸屏通电后即进入主画面如图 5-18 所示，该画面共有 10 个按钮，分别用于切换到相应的画面。

图 5-18　主画面

1. 工作任务

完成对码垛机触摸屏操作。

2. 常用工具

防爆工具、对讲机。

3. 操作流程

操作前准备：

（1）穿戴劳保着装：主要包括防静电工服与工鞋、安全帽、胶皮手套、防尘口罩、降噪耳塞。

（2）准备相关的操作工具：防爆工具、对讲机。

操作步骤：

（1）自动操作画面。

在主画面点击“自动操作”按钮即进入自动操作画面，如图 5-19 所示。该画面包括多状态指示灯，计数显示，当前故障显示，运行指示灯，画面切换按钮等部分。

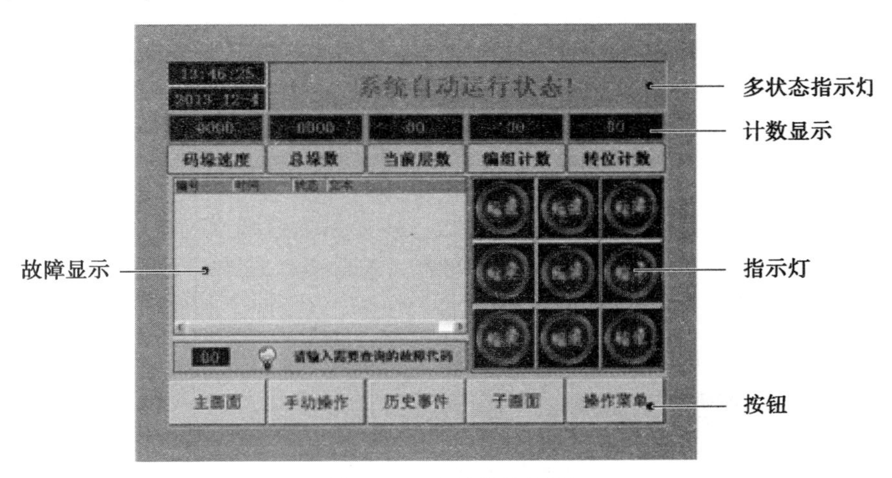

图 5-19　自动操作画面

① 多状态指示灯：用于提示操作者生产线当前所处的状态，包括：系统自动运行状态、存在报警未清除、操作错误、系统手动操作状态、紧急停车、系统停止状态、请进行转位初始化、PLC 系统故障。

② 计数显示：码垛速度——显示码垛机运行速度；总垛数——记录码垛机当前所完成的垛数；当前层数——码垛机当前垛上所码的层数；编组计数——显示当前所完成的编组袋数；转位计数——显示当前所完成的转位袋数。

③ 指示灯：用于显示所对应部机当前的状态，当指示灯为亮绿色时，表示所对应的部机正在运行；当指示灯为暗绿色时，表示所对应的部机处于停止状态。

主画面、手动操作、事件历史按钮：用于切换到相应画面。

子画面按钮：点击该按钮将弹出自动操作子画面。

④ 操作菜单按钮：单击操作菜单进入如图 5-20 所示。

转位初始化	计数复位
零袋排出	强制排垛
上游输送联锁	伺服电源

图 5-20　自动操作菜单画面

零袋排出按钮：在自动运行状态下，按下此按钮，可将编组输送机、过渡板、分层板上的料袋假定为一层，码到垛盘上，将垛盘排出，同时层数计数器、编组计数器、转位计数器清零，垛数加“1”。

强制排垛按钮：在自动运行状态下，按下此按钮，可以把当前垛盘强制排出，垛数加“1”，层数清零，其他计数不变。

计数复位按钮：按下此按钮超过 3 秒钟，将清除“总垛数”计数。

转位初始化按钮：在停止状态下，按下此按钮，伺服电机自动进行初始化操作，寻找初始位置。

上游输送联锁按钮：选择系统是否向上游输出联锁信号。

（2）I/O 监控画面。

在主画面点击“I/O 监控”按钮，进入如图 5-21 所示。该画面列出了系统输入输出通道按钮。点击对应通道按钮就可以进入 I/O 点列表，查看 I/O 点当前状态。按下“输出测试”按钮可以进入输出点测试状态。按下“退出监控”按钮可以返回主画面。

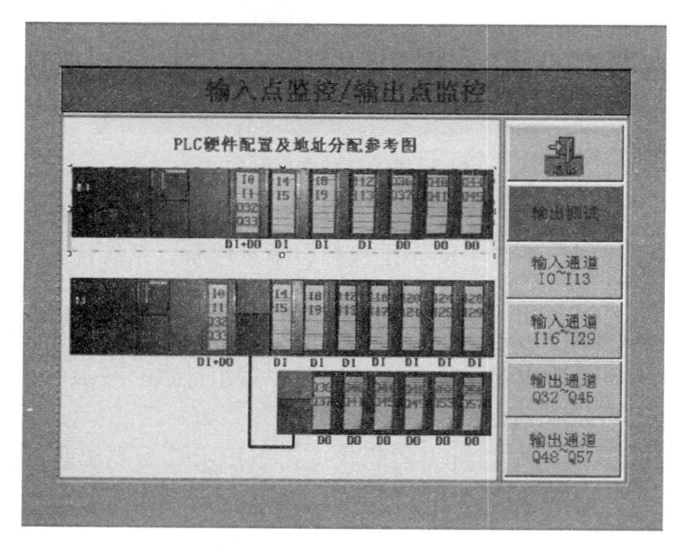

图 5-21　I/O 监控画面

（3）工作参数设定画面。

在主画面点击“工作参数设置”按钮，弹出如图 5-22 所示，输入正确的用户名和密码，即可进入如图 5-23 所示。

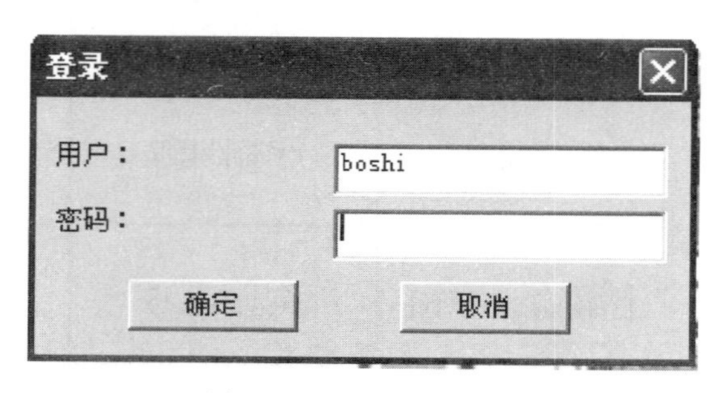

图 5-22　密码键盘画面

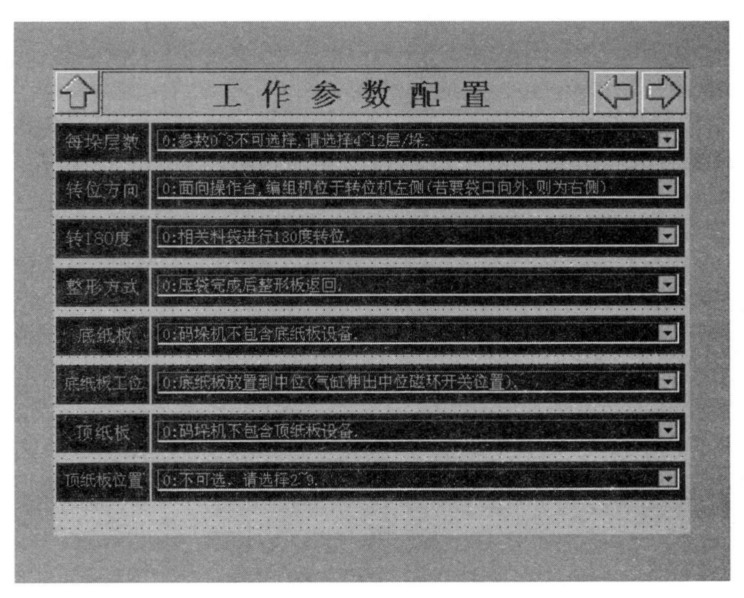

图 5-23　工作参数设置画面

(4) 工作参数查询画面。

工作参数查询画面如图 5-24 所示，主要内容包括码垛运行总垛数、码垛运行总时间、码垛机当前速度等。(若此系统中不包括输送检测部分，则金属拣出袋数及超差拣出袋数显示数值无效)。

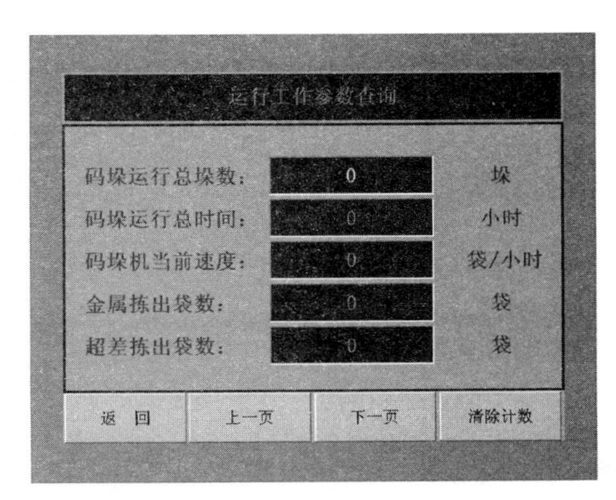

图 5-24　工作参数查询画面

(5) 手动操作画面。

当系统处于停止状态时，在主画面或自动操作画面，按“手动操作”按钮，进入手动操作主画面，如图 5-25 所示。点击图中各部机或部机名称即进入相应手动操作画面，如图 5-25 所示。在此画面中，可以手动操作各部机，也可以显示各个检测元件及执行元件的运行状态。

对于“斜坡输送电机”“缓停输送电机”“转位传输电机”“编组传输电机”“托盘传输电机”和“垛盘传输电机”，均无反转操作，当系统处于手动操作状态时，按下其中一个按钮，相对应的电机动作，手指放开时停止动作。

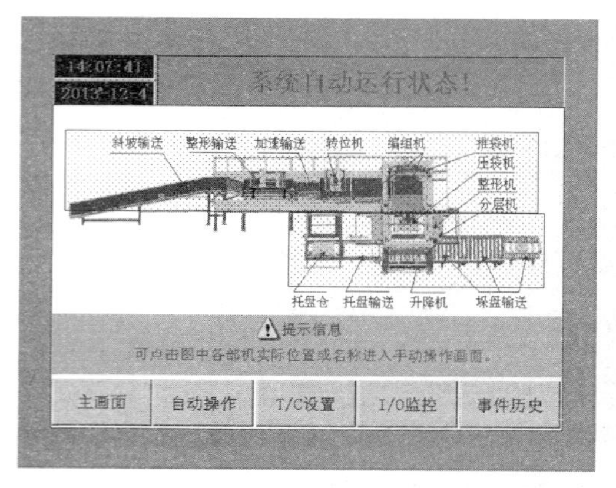

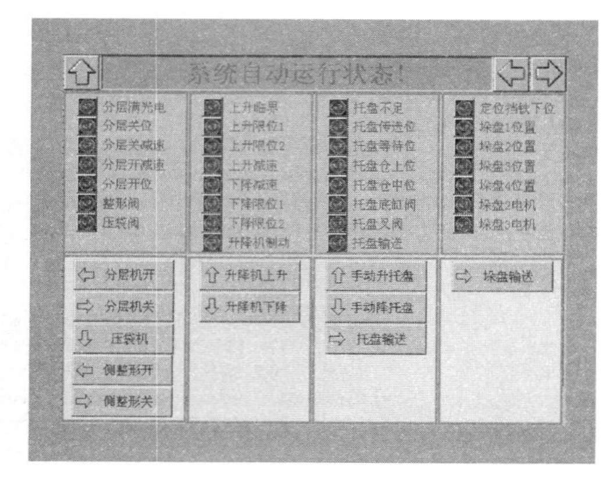

图 5-25　手动操作画面

“转位气缸”具有夹袋、松开两个动作，“转位伺服电机”“推袋电机”“分层电机”“升降电机”可以完成正反两个方向的动作，“托盘仓气缸”具有上升和下降动作，对这些部机进行手动操作时，按下向上的箭头，对应的部机正向运动，反之则反向运动。

“转位 90/180”选择开关用于选择手动操作料袋旋转 90 度还是 180 度，当按钮为浅色时，则按一下“伺服机”的上或下箭头，将旋转 90 度；当按一下“转位 90/180”按钮，使其变为深色，这时再按一下“伺服机”的上或下箭头，将旋转 180 度。

“侧边整形”按钮，按一下则整形板伸出整形，再按一下则整形板缩回。

“压袋叉”按钮，当分层板完全打开后有效，按住此按钮，则压袋气缸动作，松开则气缸复位。

（6）T/C 设置画面。

修改定时器设定值画面如图 5-26 所示，操作人员可以通过此画面修改 PLC 内部定时/计数器的设定值。修改参数部分由数值输入框组成，修改完成后，点击按钮即进入图 5-26 右侧所示画面。可通过按钮上下翻页，点击返回主画面。

注：本设置需要输入操作员密码。

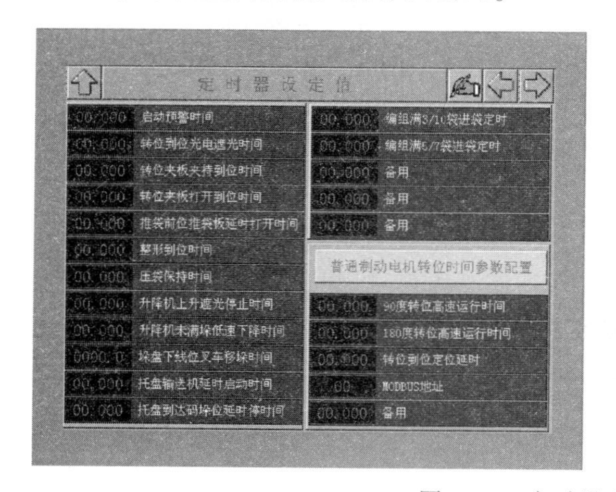

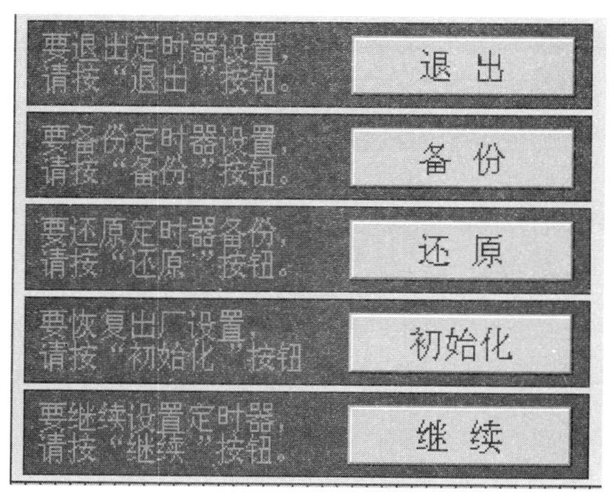

图 5-26　定时器/计数器操作画面

（7）系统参数配置。

系统参数配置画面图 5-27 所示，需要输入操作员密码。在该画面可以设定每垛层数，转位方向，转位方式、整形位置等参数。

（8）事件历史画面。

事件历史如图 5-28 所示，该画面记录最近所发生的事件信息。

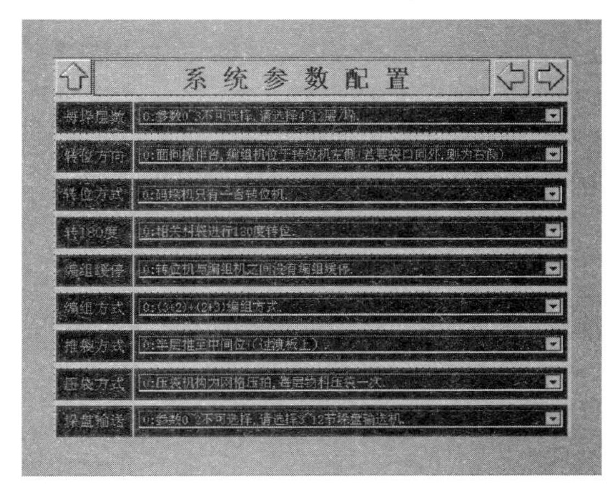

图 5-27 系统参数配置画面

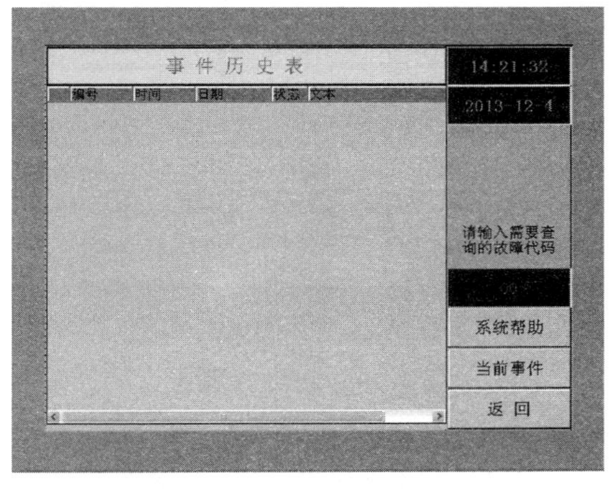

图 5-28 事件历史画面

在历史事件画面或当前事件画面 0 内输入故障代码 00，进入相应故障帮助画面，或直接按“系统帮助”按钮进入帮助画面，再使用“搜索“进入相应故障的帮助画面。

码垛机触摸屏提示的已定义的 000 障代码帮助画面如图 5-29 所示，其他故障信息查询与此相同。

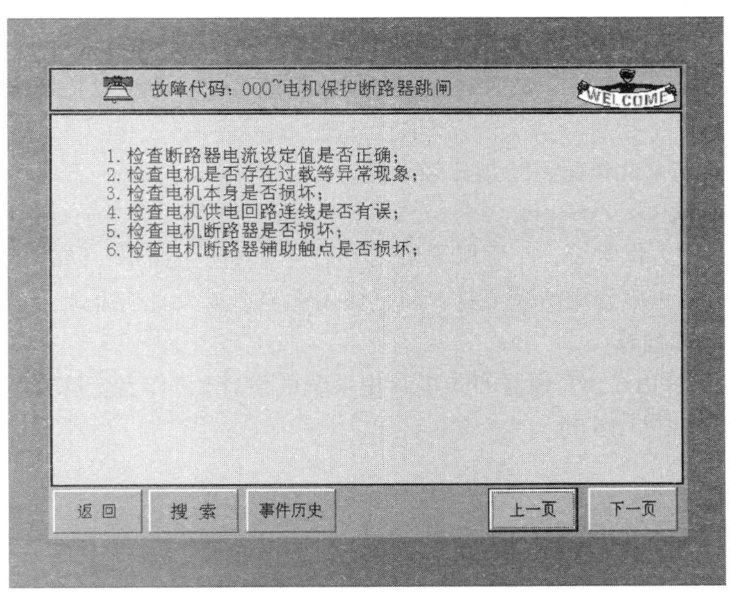

图 5-29 故障代码 000

（9）文档信息画面。

在主画面点击“文档信息”即进入如图 5-30 所示，点击相应按钮将弹出相应品牌故障代码及说明信息。

（10）功能参数设定画面。

功能参数配置画面如图 5-31 所示，需要操作者输入密码。

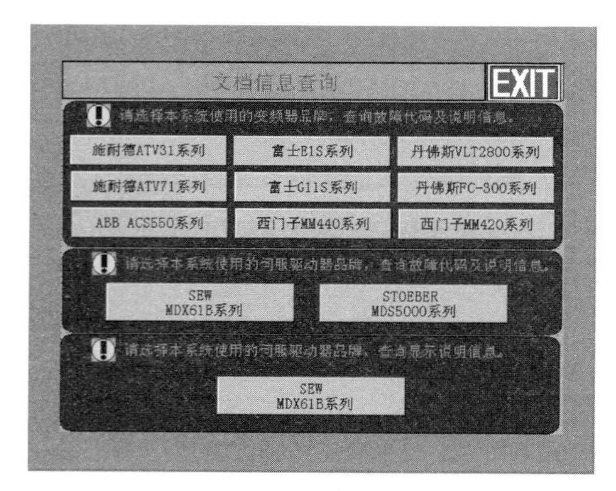

图 5-30　文档信息画面

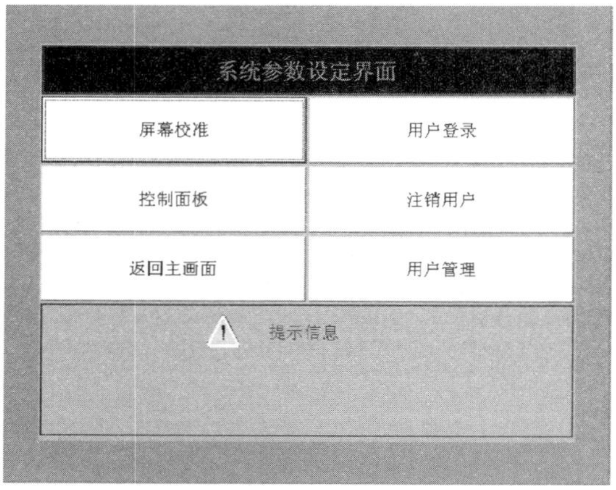

系统参数设定界面
屏幕校准
用户登录
控制面板
注销用户
返回主画面
用户管理
提示信息

图 5-31　功能参数配置画面

（11）现场按钮盒。

码垛机工作现场设置了 3 个按钮盒。

① 斜坡输送机侧按钮盒：在斜坡输送机立柱上设置了“停止”按钮盒，其按钮功能与操作箱操作面板的“停止”按钮相同。

② 升降机框架上按钮盒：在升降机框架上设置了“急停”按钮盒，其按钮功能与操作箱操作面板上“急停”按钮作用相同。

③ 托盘仓侧按钮盒：在托盘仓叉车放置托盘侧设置了此按钮盒。其上按钮作用如下：

“上升”按钮：当托盘等待位无托盘、托盘输送机停止运转时，按下此按钮，托盘托架升起。当托盘仓空仓，如果叉车放置托盘，必须按下此按钮，待托盘托架升起后，再放入空托盘。

“下降”按钮：按下此按钮，托盘托架下降。

4. 安全注意事项

（1）操作前必须劳保着装，正确佩戴硫化氢报警仪及防尘面罩，防爆工具准备齐全。

（2）操作中必须正确使用防爆工具，防止使用不当造成人身伤害。

5. 拓展知识阅读推荐

《基于人机界面、PLC、变频器的同步调相系统的设计》，作者：陈克科，全春实，《中国高新技术企业》2011 年 15 期。

项目四　控制系统的故障及处理

1. 工作任务

与相关人员配合单体设备的故障处理。

2. 常用工具

防爆工具、对讲机、测温仪、毛刷、扁铲、干净的抹布。

3. 操作流程

操作前准备：

（1）穿戴好劳保服装，主要包括工衣、工鞋、防尘口罩、防尘眼罩、安全帽等。

（2）准备相关的操作工具：防爆工具、对讲机、测温仪、毛刷、扁铲、干净的抹布。

触摸屏上有故障提示的故障处理

触摸屏上有故障提示的故障处理见表 5-25。第 1 至第 40 条故障现象引起码垛机不能启动，或在运行中停止，触摸屏上有故障提示。此时需要按“复位”按钮确认故障信息，消除蜂鸣器报警，参照触摸屏上的故障提示，按表格内的故障处理方法将故障排除，然后重新启动设备。

表 5-25 触摸屏上有故障提示的故障处理

故障代码	故障名称	故障原因	处理对策
000	电机保护断路器跳闸	电机保护断路器保护跳闸	1. 检查断路器电流设定值是否正确； 2. 检查电机是否存在过载等异常现象； 3. 检查电机本身是否损坏； 4. 检查电机供电回路连线是否有误； 5. 检查电机断路器是否损坏； 6. 检查电机断路器辅助触点是否损坏
001	推袋电机故障	1. 电机保护断路器保护跳闸； 2. 推袋变频器故障	1. 检查 QF9 断路器是否跳闸，如跳闸可检查：①QF9 工作电流是否设置过小；②QF9 下方动力回路是否存在短路； 2. 根据推袋变频器 U9、U10、U11 提示的故障代码，参考说明书排除故障
002	分层电机故障	1. 电机保护断路器保护跳闸； 2. 分层变频器故障	1. 检查 QF10 断路器是否跳闸，如跳闸可检查：①QF10 工作电流是否设置过小；②QF10 下方动力回路是否存在短路； 2. 根据分层变频器 U10 提示的故障代码，参考说明书排除故障； 3. 由于分层变频器驱动分层和垛盘 1 两台电机，若提示变频器驱动的电机故障，请根据当前工作状态判断具体电机
003	升降电机故障	1. 电机保护断路器保护跳闸； 2. 升降变频器故障	1. 检查 QF11 断路器是否跳闸，如跳闸可检查：①QF11 工作电流是否设置过小；②QF11 下方动力回路是否存在短路； 2. 根据升降变频器 U11 提示的故障代码，参考说明书排除故障； 3. 如果变频器没有故障提示，检查升降变频器制动逻辑输出点是否损坏，检查触摸屏有关制动逻辑的初始设置是否错误，检查变频器报警输出
004	伺服故障	1. 伺服驱动器故障（如：硬件、软件等故障）； 2. 伺服电机故障（如：电机过电流、电机过热等）； 3. 伺服控制回路故障（如：反馈信号故障、电机相序保护故障等）	1. 记录伺服驱动器 U5 的报警信息，参看说明书，排除故障； 2. 检查伺服初始位接近开关是否损坏或检测距离过大； 3. 检查伺服驱动器 I/O 模块接线是否有误

续表

故障代码	故障名称	故障原因	处理对策
005	升降机上升超时	1. 升降电机是否存在故障； 2. 检查升降机上升临界光电开关、上升限位接近开关是否存在故障	1. 检查升降机上升限位接近开关是否故障； 2. 检查升降机上升过程是否发生机械故障； 3. 检查升降变频器 U11 是否启动
006	升降机下降超时	1. 升降电机故障； 2. 升降机下降限位接近开关故障	1. 检查升降机下降限位接近开关是否故障； 2. 检查升降机下降过程是否发生机械故障； 3. 检查升降变频器 U11 是否启动
007	分层机开超时	1. 分层电机故障； 2. 分层开限位接近开关故障	1. 检查分层机开限位接近开关是否故障； 2. 检查分层机开过程是否发生机械故障； 3. 检查分层变频器 U10 是否启动
008	分层机关超时	1. 分层电机故障； 2. 分层关限位接近开关故障	1. 检查分层机关限位接近开关是否故障； 2. 检查分层机开过程是否发生机械故障； 3. 检查分层变频器 U10 是否启动
009	推袋机推袋超时	1. 推袋机电机故障； 2. 推袋去限位接近开关故障	1. 检查推袋机去限位接近开关是否故障； 2. 检查推袋过程是否发生机械故障； 3. 检查分层变频器 U9 是否启动
010	推袋机返回超时	1. 推袋电机是否存在故障； 2. 检查推袋回限位接近开关是否存在故障	1. 检查推袋机回限位接近开关是否故障； 2. 检查推袋返回过程是否发生机械故障； 3. 检查分层变频器 U9 是否启动
011	编组机动作超时	1. 编组机入口处的编组传送 1.2 两个光电开关没有正常工作。PLC 启动编组电机动作的一定时间内编组传送 1.2 光电信号状态没有断开(可能原因：电机轴断裂、皮带断裂、电机线断裂、电机制动器损坏、控制电机的接触器损坏)； 2. 进入编组机的料袋有位置偏差过大的情况，如果位置偏差过大，长时间没有离开上述两个光电开关(或其中一个)，导致编组机始终运转，不能自动停止	1. 检查是否有料袋未通过编组入口； 2. 检查编组光电 1、2 是否故障； 3. 检查编组电机动作是否正常； 4. 检查是否存在电机轴断裂或皮带断裂等机械故障
013	转位传输堵袋	转位光电开关故障，产生误报	1. 检查是否有料袋堵在转位机中无法通过； 2. 检查转位到位光电是否故障； 3. 检查转位输送电机动作是否正常； 4. 检查转位输送机是否存在电机轴断裂或皮带断裂等机械故障
014	转位旋转超时	1. 转位定位接近开关故障； 2. 转位伺服电机存在故障； 3. 伺服驱动器故障	1. 检查伺服初始位接近开关是否故障； 2. 检查转位伺服驱动器是否故障(参看故障 004)

续表

故障代码	故障名称	故障原因	处理对策
017	转位初始位故障	转位定位接近开关故障	1. 检查转位旋转传动机构是否存在问题； 2. 检查转位定位接近开关是否故障
018	缓停机堵袋(超时)	加速输送机或整形输送机处无法通过料袋	1. 检查是否有料袋堵在加速输送机或整形输送机中无法通过； 2. 检查加速输送和整形压平光电是否故障； 3. 检查转位输送电机动作是否正常； 4. 检查转位输送机是否存在电机轴断裂或皮带断裂等机械故障
020	托盘仓空报警	1. 托盘仓无托盘； 2. 托盘不足光电开关故障	1. 检查托盘仓是否空仓； 2. 检查托盘空仓光电接线是否错误
021	托盘等待位光电故障	托盘等待位光电故障	1. 检查是否有托盘堵在托盘输送机上使得托盘等待位光电处无法通过； 2. 检查托盘等待位光电是否故障； 3. 检查托盘输送电机动作是否正常； 4. 检查托盘输送机是否存在电机轴断裂或链条断裂等机械故障
022	待传托盘位光电故障	待传托盘位光电故障	1. 检查是否有托盘堵在托盘输送机上使得托盘等待位光电处无法通过； 2. 检查托盘等待位光电是否故障； 3. 检查托盘输送电机动作是否正常； 4. 检查托盘输送机是否存在电机轴断裂或链条断裂等机械故障
024	垛盘1位置传感器故障	垛盘1到位光电故障	1. 检查托盘到位光电是否与反射板对正，检查托盘到位光电是否接线错误； 2. 检查垛盘输送电机1是否故障； 3. 检查托盘/垛盘输送过程中是否存在机械故障使托盘/垛盘无法正常排出； 4. 检查电机传动部分是否存在故障
025	垛盘1动作超时	垛盘输送机1电机动作一定时间后，垛盘1接近开关仍有信号	1. 检查托盘到位光电是否与反射板对正，检查托盘到位光电是否接线错误； 2. 检查垛盘输送电机1是否故障； 3. 检查托盘/垛盘输送过程中是否存在机械故障使托盘/垛盘无法正常排出； 4. 检查电机传动部分是否存在故障
026	垛盘2传感器故障	垛盘输送机2电机动作一定时间后，垛盘2接近开关仍有信号	1. 检查垛盘2接近开关检测板位置是否正常，垛盘2位置接近开关是否接线错误； 2. 检查垛盘输送电机2是否故障； 3. 检查垛盘2输送过程中是否存在机械故障使托盘/垛盘无法正常排出； 4. 检查电机传动部分是否存在故障

续表

故障代码	故障名称	故障原因	处理对策
027	垛盘2动作超时	垛盘没有正常输送出垛盘输送机	1. 检查垛盘2接近开关检测板位置是否正常，垛盘2位置接近开关是否接线错误； 2. 检查垛盘输送电机2是否故障； 3. 检查垛盘2输送过程中是否存在机械故障使托盘/垛盘无法正常排出； 4. 检查电机传动部分是否存在故障
028	垛盘3动作超时	垛盘没有正常输送出垛盘输送机	1. 检查垛盘3接近开关检测板位置是否正常，垛盘3位置接近开关是否接线错误； 2. 检查垛盘输送电机3是否故障； 3. 检查垛盘3输送过程中是否存在机械故障使托盘/垛盘无法正常排出； 4. 检查电机传动部分是否存在故障
030	启动按钮故障	1. 启动按钮信号接通15秒后仍没有断开； 2. 按钮开关损坏，或按钮触点安装错误（正确安装为常开触点）； 3. PLC的响应I/O口损坏	1. 检查启动按钮是否损坏； 2. 检查启动按钮接线是否错误
031	停止按钮故障	1. 停止按钮信号断开15秒后仍没有接通； 2. 按钮开关损坏，或按钮触点安装错误（正确安装为常闭触点）； 3. PLC的响应I/O口损坏	1. 检查停止按钮是否损坏； 2. 检查停止按钮接线是否错误
032	复位按钮故障	1. 复位按钮信号接通15秒后仍没有断开； 2. 按钮开关损坏，或按钮触点安装错误（正确安装为常开触点）； 3. PLC的响应I/O口损坏	1. 检查复位按钮是否损坏； 2. 检查复位按钮接线是否错误
034	推袋回减速开关故障	推袋机在整个行程的推袋过程中，推袋回减速开关没有信号返回	1. 检查推袋回减速开关与感应片间距离是否过大； 2. 检查推袋回减速开关接线是否错误； 3. 检查推袋回减速开关是否损坏
035	推袋中减速开关故障	推袋机在整个行程的推袋过程中，推袋中减速开关没有信号返回	1. 检查推袋中减速开关与感应片间距离是否过大； 2. 检查推袋中减速开关接线是否错误； 3. 检查推袋中减速开关是否损坏
036	推袋中位开关故障	推袋机在整个行程的推袋过程中，推袋中位开关没有信号返回	1. 检查推袋中位开关与感应片间距离是否过大； 2. 检查推袋中位开关接线是否错误； 3. 检查推袋中位开关是否损坏
037	推袋去减速开关故障	推袋机在整个行程的推袋过程中，推袋去减速开关没有信号返回	1. 检查推袋去减速开关与感应片间距离是否过大； 2. 检查推袋去减速开关接线是否错误； 3. 检查推袋去减速开关是否损坏

续表

故障代码	故障名称	故障原因	处理对策
038	分层关减速开关故障	分层机在整个行程的打开过程中，分层关减速开关没有信号返回	1. 检查分层关减速开关与感应片间距离是否过大； 2. 检查分层关减速开关接线是否错误； 3. 检查分层关减速开关是否损坏
039	分层开减速开关故障	分层机在整个行程的打开过程中，分层开减速开关没有信号返回	1. 检查分层开减速开关与感应片间距离是否过大； 2. 检查分层开减速开关接线是否错误； 3. 检查分层开减速开关是否损坏
040	分层满光电故障	在分层机开到位、升降机离开上临界光电的前提下，分层满光电仍有返回信号	1. 检查分层满光电与反射板是否对正； 2. 检查分层满光电接线是否错误； 3. 检查分层满光电与反射板间是否有异物； 4. 检查分层满光电是否损坏
041	升降升临界开关故障	升降机在下降到位的前提下，上升临界光电仍有返回信号	1. 检查上升临界两对对射光电是否对正； 2. 检查上升临界光电接线是否错误； 3. 检查上升临界光电间是否有异物； 4. 检查上升临界光电是否损坏
042	升降上升减速开关故障	升降机在整个行程的上升过程中，升降上升减速开关没有信号返回	1. 检查升降上升减速开关与感应片间距离是否过大； 2. 检查升降上升减速开关接线是否错误； 3. 检查升降上升减速开关是否损坏； 4. 检查升降机配重的导向块与导向槽间距离是否过大； 5. 检查升降上升减速安装架是否变形
043	升降下降减速开关故障	升降机在整个行程的下降过程中，升降下降减速开关没有信号返回	1. 检查升降下降减速开关与感应片间距离是否过大； 2. 检查升降下降减速开关接线是否错误； 3. 检查升降下降减速开关是否损坏； 4. 检查升降机配重的导向块与导向槽间距离是否过大； 5. 检查升降下降减速安装架是否变形
044	升降下降限位故障	升降机在下降到底位后只有一个下降限位开关返回信号，另一个没有返回信号	1. 检查两只升降下降限位开关(配重上位和升降机下位)是否同时有信号，调整开关位置，使两者同时有信号； 2. 检查升降下降限位是否损坏
045	系统低气压	1. 现象：推袋板阀、压袋阀断电5秒钟后，相应的接近开关(推板上位开关、压袋上位开关)仍没有信号； 2. 气源压力低； 3. 气动管路及元件有泄漏部位； 4. 推袋、压袋阀，推板上位接近开关、压袋上位接近开关故障	1. 检查整个系统压缩空气压力是否过低； 2. 检查推袋推板上位接近开关和压袋板上位接近开关是否故障

续表

故障代码	故障名称	故障原因	处理对策
047	安全门未关闭	1. 安全门未关闭或未关到位； 2. 限位开关故障或开关线路故障，开关松动	1. 检查安全门是否有未关闭的现象； 2. 检查安全门开关是否损坏或位置偏移； 3. 检查安全门开关接线是否有错误； 4. 如果设备没有安全门，请参考初始画面的帮助信息，取消安全门报警
048	编组变频器故障	1. 电机保护断路器保护跳闸； 2. 编组变频器故障	根据编组变频器 U8 提示的故障代码按照说明书排除故障
049	推板关故障	1. 推板关位检测接近开关有故障； 2. 推板电磁阀故障； 3. 推袋机返回超时； 4. 机械结构卡住	1. 检查推板关位接近开关与感应片间的距离是否过大或安装位置有偏差； 2. 检查推板电磁阀是否损坏或接线错误； 3. 检查推板开位接近开关是否损坏； 4. 检查系统压缩空气压力是否过低
050	推板开故障	1. 推板开位检测接近开关有故障； 2. 推袋中位或前位接近开关故障； 3. 推板电磁阀故障； 4. 机械结构卡住； 5. 系统气压低	1. 检查推板开位接近开关与感应片间的距离是否过大或安装位置有偏差； 2. 检查推板电磁阀是否损坏或接线错误； 3. 检查推板开位接近开关是否损坏
051	托盘挡铁故障	1. 托盘挡铁阀带电 5 秒内托盘挡铁下位开关仍有信号； 2. 托盘挡铁阀失电 5 秒内托盘挡铁下位开关仍无信号	1. 检查托盘挡铁下位磁环开关是否故障； 2. 检查托盘挡铁电磁阀是否损坏； 3. 检查挡铁动作的机构是否存在机械故障
052	托盘上升故障 1	托盘上升过程中托盘底缸中位开关信号对应异常	1. 检查托盘上位开关与感应片间距离是否过大，托盘升降气缸动作过程中无返回信号； 2. 检查托盘升降节流阀调整是否合适； 3. 检查托盘升降电磁阀是否损坏
053	托盘上升故障 2	托盘上升过程中托盘底缸上位开关信号对应异常	1. 检查托盘上位开关与感应片间距离是否过大，托盘升降气缸动作过程中无返回信号； 2. 检查托盘升降节流阀调整是否合适； 3. 检查托盘升降电磁阀是否损坏
054	托盘输送故障	托盘没有正常输送出托盘输送机	1. 检查托盘等待位光电是否与反射板对正； 2. 检查当升降机从下限位上升瞬间是否有托盘错误的传输到托盘等待位(此时等待位不应该有托盘)
055	推袋前进故障	推袋机在从推袋回位和推袋中减速间完成推袋动作时，有料袋错误地通过编组 2 光电开关	1. 推袋机在从推袋回位和推袋中减速间完成推袋动作时，有料袋错误地通过编组 2 光电开关； 2. 检查编组 2 光电是否与反射板对正
056	压袋位开关故障	1. 压袋位开关检测接近开关有故障； 2. 压袋电磁阀故障； 3. 压袋机返回超时； 4. 机械结构卡住	1. 检查压袋板位置接近开关与感应板间检测距离是否正确； 2. 检查压袋位置接近开关是否损坏； 3. 检查压袋电磁阀是否损坏； 4. 检查是否存在机械故障

续表

故障代码	故障名称	故障原因	处理对策
057-061	垛盘4-8动作超时	垛盘没有正常输送出垛盘输送机	1. 检查垛盘4-8接近开关检测板位置是否正常，垛盘4-8位置接近开关是否接线错误； 2. 检查垛盘输送电机4-8是否故障； 3. 检查垛盘4-8输送过程中是否存在机械故障使托盘/垛盘无法正常排出； 4. 检查电机传动部分是否存在故障

触摸屏上没有提示的故障处理：在设备运行过程中，易发生的情况，在触摸屏上没有提示的故障，其处理方法见表5-26所示。

表5-26 触摸屏上没有提示的故障处理

故障名称	原因	处理对策
操作盘上按钮开关按下后，触摸屏对应点状态不变化	接线脱落或按钮开关损坏	检查接线或更换
操作盘上指示灯状态和触摸屏对应点状态不一致	接线脱落或指示灯损坏	检查接线或更换
制动电机不能制动（或制动器无法打开）	电机的制动器故障（或制动器整流块故障）	可停车检查。如刹车片松动，可调整合适；如刹车片损坏，应立即更换
转位机不转位	转位机转位到位光电开关故障，检测不到料袋到达转位机； 码垛机启动运行前，袋数预置不正确（应为奇数层3-2编组，共5袋；偶数层2-3编组，共5袋）	检查调整，若损坏则更换； 可先使码垛机停止，重新预置袋数后再次启动运行
转位机夹板不动作（应该转位的料袋到达转位机停止时转位夹板不动作）	转位夹板的电磁阀故障； 袋数预置不正确（应为奇数层3-2编组，共5袋；偶数层2-3编组，共5袋）	检查调整，若损坏则更换； 检查，若损坏则更换； 可先使码垛机停止，重新预置袋数后再次启动运行
编组机满时 推袋机不动作	编组机末端挡板后的编组机满光电开关异常； 分层机关及压袋叉上位接近开关异常（满层推袋时）； 袋数预置是否正确（奇数层，3-2编组，共5袋；偶数层2-3编组，共5袋）	检查调整，若损坏则更换； 检查调整，若损坏则更换； 可先使码垛机停止，重新预置袋数后再次启动运行

4. 拓展知识阅读推荐

《控制系统的故障诊断与故障调节》，作者：姜斌、冒泽慧、杨浩，出版日期：2009年1月，国防工业出版社。

第六单元　叉车及硫黄装车操作

硫黄装车由固体硫黄装车和液态硫黄装车两部分组成。

固体硫黄由叉车将成垛硫黄运往站台，再由人工将袋装硫黄放到车上，装车外运。

液态硫黄经成型机液硫回流管线输送至液硫装车平台处装车，不装车时液硫经回流管线循环回液硫罐储存，装车重量通过装车平台下的地磅连锁液硫装车管道上的控制阀进行控制，装车外运。

模块一　叉车的作业

以 XFD25D1-FB2.5 吨防爆柴油叉车为例，采用的 XP-Aut 防爆系统是专为柴油动力叉车开发设计的一种安全防爆系统。该系统通过对高温气体和零件的有效冷却，对整车静电、火花、火焰的彻底消除以及对易碰撞件的适当保护，从根本上提高了叉车的防爆安全防护水平。

项目一　叉车起步操作

1. 工作任务

检查叉车各部件运转正常，确保叉车安全驾驶。

2. 常用工具

胎压表、毛刷、油壶、防爆手摇泵、干净抹布。

3. 操作流程

操作前准备：

(1) 穿戴劳保着装：主要包括防静电工服与工鞋、安全帽、防滑手套、防尘口罩。

(2) 准备相关的操作工具：胎压表、毛刷、油壶、防爆手摇泵、干净抹布。

(3) 操作前检查项目、方法、步骤及重点见表 6-1。

表 6-1　叉车起步操作前检查项目、方法、步骤及重点

序号	检查项目	检查方法	检查步骤及重点
1	柴油机燃油、机油、冷却水的检查	目测	(1) 检查冷却水位在 1/2~2/3 处。(2)检查各管路、接头处是否有水/机油渗漏。(3) 检查燃油液位≥油表 1/3 处。(4)检查机油压力≥3.0bar，使用油尺检查机油是否在下端标记之间
2	蓄电池、电缆接头的检查	目测	(1) 蓄电池、电缆接头无松动。(2)表面无破损老化现象
3	灯光、音响信号的检查	目测和耳听	(1) 检查灯光有无损坏和不亮的现象。(2)检查声光报警是否报警

续表

序号	检查项目	检查方法	检查步骤及重点
4	叉车外观、轮胎外观、气压的检查	目测和胎压表	(1) 车体、发动机表面、制动毂表面等处无积尘。(2) 轮胎外观是否有破裂和磨损严重的现象。(3) 胎压在 7-8Pa 之间
5	叉车制动和升降检查	目测和手动检测	(1) 松开制动手柄，然后起步行使，并检查脚踏制动效果是否良好。(2) 检查门架的起升、倾斜动作是否正常，转向是否轻便、灵活，链条无松动或损坏的现象
6	防爆手摇泵的检查	目测和负压检测	(1) 检查外部各连接部件紧固、手动摇杆无卡阻。(2) 摇动手摇泵，用手掌挡住吸口，应出现吸气现象，表明管路无漏气

操作规范步骤：

(1) 每天首次冷车起动时，应视环境温度情况确定是否采用辅助起动措施。

(2) 将钥匙插入防爆起动开关锁孔并顺时针方向旋转钥匙，再向前推钥匙按钮至电源接通位置，然后逆时针方向旋转钥匙，将开关锁止在电源接通位置。

(3) 选择换挡手柄为空档位置，并轻踏油门踏板。

(4) 前推并保持“起动/紧急熄火”手柄处于“START”起动位置。

(5) 按下防爆起动按钮，起动柴油机。柴油机起动后，应立即松开起动按钮，否则将导致防爆马达的损坏。

(6) 随着柴油机运转，机油压力表显示出已建立起正常机油压力(大约 3bar)后，再让发动机运转约 30 秒。即可松开“起动/紧急熄火”手柄。

(7) 检查车况有无异常，如无异常即可进入作业区进行正常作业。

(8) 当环境温度较低，柴油机冷机起动时，可采用“电预热辅助起动装置”。

4. 质量标准

(1) 叉车驾驶员按规定劳保着装，精神面貌良好。

(2) 叉车按要求检查，各性能参数达标，外观清洁无灰尘。

(3) 起步时须缓慢平稳起步。

5. 安全注意事项

(1) 操作前必须劳保着装，正确佩戴硫化氢报警仪及防尘口罩，防爆工具准备齐全。

(2) 上、下叉车时应小心。上车之前应擦净鞋底和双手。上下叉车时应面向叉车。用双手抓住叉车上下车。禁止携带工具或物品一同上下叉车。进出驾驶台时，禁止把控制手柄当扶手用。叉车行驶时禁止上下车，严禁直接从叉车上跳下。双手以及方向盘上不得粘有打滑材料。

(3) 起步前，观察四周，确认无妨碍行车安全的障碍后，先鸣笛，后起步。

(4) 气压制动的车辆，制动气压表读数须达到规定值才可起步。

(5) 叉车在载物起步时，驾驶员应先确认所载货物平稳可靠。

6. 事故预防与应急处置

叉车起步事故预防与应急处置见表 6-2。

表 6-2　叉车起步事故预防与应急处置

序号	事故描述	主要危害及后果	预防措施及处置
1	燃油过低	叉车不能启动	检查邮箱油量并补充柴油
2	发动机冷启动或环境温度过低	叉车不能启动	车辆在非防爆区，可以对发动机预热 5~10 秒
3	柴油机急停机或自动停机后进气道负压未消除	叉车不能启动	稍等约 30 秒钟后再重新启动
4	燃油通道中有空气	叉车不能启动	通过柴油滤清器上的手泵泵油并排尽空气
5	柴油机进气通道堵死	叉车不能启动	清扫或更换空气滤清器芯
6	叉车声光报警设施损坏	运行无声光报警提示，造成人员伤亡	叉车停止运行，更换或维修声光报警

7. 拓展知识阅读推荐

《叉车技术的发展趋势》，作者：肖永清，《港口装卸》2007 年 02 期。

项目二　叉车行驶操作

1. 工作任务

驾驶叉车安全到达施工目的地，执行装卸任务。

2. 常用工具

防爆对讲机、随车防爆工具。

3. 操作流程

操作前准备

(1) 穿戴劳保着装：主要包括防静电工服与工鞋、安全帽、劳保防滑手套、防尘口罩。

(2) 准备相关的操作工具：防爆对讲机、随车防爆工具、正压式逃生呼吸器。

(3) 操作前检查项目、方法、步骤及重点见表 6-3。

表 6-3　叉车行驶操作前检查项目、方法、步骤及重点

检查项目	检查方法	检查步骤及重点
叉车运行检查	目测、耳听	(1) 叉车行使作业时，应注意倾听有否异常声响。(2) 叉车在厂区、车间干道上行驶，其速度应控制在工厂安全部门规定的速度范围内，并注意来往行人随时鸣号。(3) 叉车只能在完全停车后才能换向；严禁提升、倾斜同时操作及超载、载人运行

操作规范步骤：

(1) 起步时应采用慢速档，刚起步后，应先试验制动器和转向工作是否良好。

(2) 行车变速应先脱开离合器，然后再操纵换挡手柄。

(3) 前后换向时，应使叉车完全停止后方可进行。

(4) 下陡坡时应采用慢速挡、同时应断续地踩踏脚制动踏板，在上坡运行时，也须及时调换成“慢”速挡行驶。

(5) 转弯时，应提前减速，急转弯时应先换入“慢”速挡。

(6) 不允许分离离合器滑行，也不允许在行驶中脚放在离合器板上。此外，在踩离合时，分离要迅速，结合在平稳。

4. 质量标准

叉车应始终处于控制之中，遵守厂内机动车辆行驶规则及警示标志。

5. 安全注意事项

(1) 行驶时，厂内驾驶叉车速度不得超过 5km/h，货叉底端距地面高度应保持 300~400mm，门架须后倾。

(2) 行驶时不得将货叉升得太高。进出作业现场或行驶途中，要注意上空有无障碍物刮碰。载物行驶时，如货叉升得太高，还会增加叉车总体重心高度，影响叉车的稳定性。

(3) 卸货后应先降落货叉至正常的行驶位置后再行驶。

(4) 转弯、倒车、过库房硫黄料垛交叉口时，必须先鸣笛。转弯时，严格禁止高速急转弯，高速急转弯会导致车辆失去横向稳定而倾翻。

(5) 叉车在下坡时严禁熄火滑行，非特殊情况，禁止载物行驶中急刹车。

(6) 叉车在运行时要遵守厂内交通规则，必须与前面的车辆保持一定的安全距离。

(7) 叉车由后轮控制转向，所以必须时刻注意车后的摆幅，避免初学者驾驶时经常出现的转弯过急现象。

(8) 发动机运转时或停车制动未实施之前，驾驶员不得离开叉车。

(9) 叉车起动、转向和制动应平稳。叉车在转弯、爬坡或在打滑以及不平的路面上行驶时应减速。

(10) 叉车在坡道上运行时应特别小心。严禁在坡道上转弯。禁止在易打滑的坡道上使用叉车。空载叉车行驶时，货叉应朝向下坡方向。负载行驶时，货叉应朝上坡方向。

6. 事故预防与应急处置

叉车行驶事故预防与应急处置见表 6-4。

表 6-4 叉车行驶事故预防与应急处置

序号	事故描述	主要危害及后果	预防措施及处置
1	驾驶员违章行驶	造成人员伤亡、物品损失	(1) 严格执行叉车操作步骤，安全注意事项。(2) 每月组织开展驾驶员叉车安全操作培训，定期急进行考核。(3) 制定叉车安全考核规定，对叉车驾驶员开展不定期检查。(4) 驾驶员持证上岗
2	叉车翻车	造成叉车损坏、人员伤亡、物品损失	(1) 驾驶员应该留在叉车内，双手紧握方向盘，将身体前倾，让身体贴近腿部避开叉车着地的方向。(2) 当叉车在斜坡或平台上翻下时，操作员应该留在叉车内，如果叉车着地处不危险时，方可离开叉车

7. 拓展知识阅读推荐

《叉车液压系统产生爬行现象的原因分析与故障排除》，作者：曾耀传，《质量技术监督研究》2015 年 01 期。

项目三　叉车装卸操作

1. 工作任务

完成固体硫黄装车、设备设施、其他物品的装卸任务。

2. 常用工具

防爆对讲机、随车防爆工具。

3. 操作流程

操作前准备：

（1）穿戴劳保着装：主要包括防静电工服与工鞋、安全帽、劳保防滑手套、防尘口罩。

（2）准备相关的操作工具：防爆对讲机、随车防爆工具。

（3）操作前检查项目、方法、步骤及重点见表6-5。

表6-5　叉车装卸操作前检查项目、方法、步骤及重点

检查项目	检查方法	检查步骤及重点
叉车门架检查	目测、耳听、手动检查	（1）检查各连接部位固定螺栓有无松动或缺少现象。(2)货叉无严重磨损、开裂、变形等现象。(3)护栏无开裂、变形等现象。(4)门架无磨损、变形等现象。(5)起升链条润滑良好，无断裂、液位、变形等现象

操作规范步骤

（1）驾驶员以≤5公里/小时的时速，驾驶叉车行驶至货物2米处。

（2）根据货物大小调整叉间距离，使用手柄在垂直位置升降货叉，缓慢驾驶叉车前进将货叉插入货物托盘孔，使货物重量均匀地分配两叉之间，处在货物总宽度的中心。

（3）当货叉插入货物后，叉车使用手制动，使叉车稳定。

（4）货叉架后倾，使货物紧靠叉壁，缓慢升降货叉将货物移出。

（5）松开手制动，驾驶叉车进行货物装卸。

（6）卸下货物时，可使门架小量前倾，以便于安放货物和抽出货叉。

4. 质量标准

（1）物品按要求摆放整齐、规整。

（2）物品无损伤、破坏等现象。

（3）装卸货物时缓慢操作液压控制杆，严禁突然降落或停止。

5. 安全注意事项

（1）货叉在规定的负载中心，最大负载不超过额定起重量。如货物重心改变，其起重能力应按车上起重量负荷曲线标牌规定执行。

（2）在进行装卸时，货叉架下绝对禁止有人。同时不得在货叉上乘人起升。

（3）载货行驶时，应使货叉架后倾、货叉离地面300毫米左右。一般情况下在运行时，不得做剧烈的刹车和急转弯。

（4）货叉架前后倾至极限位置或升至最大高度，必须迅速地操纵手柄置于中间静止位置。在操纵一个手柄时，注意不使另一个手柄移动。

（5）当搬动货物时，货物挡住驾驶员的视线，叉车应倒车低速行驶。

（6）装卸货物时，不得在大坡度下制动。同时，不允许用“快”速；必要时，应倒车行驶或对货物压紧。

（7）不得用货叉来拨起埋入物，必要时，需先计算拨去力。

（8）叉车载货下坡时，应倒退行驶，以防货物颠落

（9）载物高度不得遮挡驾驶员的视线。

（10）禁止高速叉取货物和用叉头与坚硬物体碰撞。

（11）叉车作业时，禁止人员站在货叉上及在货叉周围，以免货物倒塌伤人。

（12）禁止用制动惯性溜、圆形或易滚动物品。

（13）禁止用货叉挑、翻、栈板的方法卸货、单叉作业。

6. 事故预防与应急处置

叉车装卸事故预防与应急处置见表6-6。

表6-6 叉车装卸事故预防与应急处置

序号	事故描述	主要危害及后果	预防措施及处置
1	叉车翻车	人员伤亡、物品损坏	（1）驾驶员应该留在叉车内，双手紧握方向盘，将身体前倾，让身体贴近腿部避开叉车着地的方向。（2）当叉车在斜坡或平台上翻下时，操作员应该留在叉车内，如果叉车着地处不危险时，方可离开叉车
2	物品坠落或倾倒	人员伤亡、物品损坏	（1）货叉在规定的负载中心，最大负载不超过额定起重量。如货物重心改变，其起重能力应按车上起重量负荷曲线标牌规定执行。（2）在进行装卸时，货叉架下绝对禁止有人。同时不得在货叉上乘人起升。（3）禁止用货叉挑、翻、栈板的方法卸货、单叉作业
3	升降链条松弛	货叉被货物拉住造成货物掉落或叉车倾覆的危险	（1）将货叉稍稍提升，来调整链条松弛。（2）调整链条后将货叉从托盘下抽出

7. 拓展知识阅读推荐

《叉车门架起升速度超标故障分析与解决方案》，作者：黄祥兴、王大鹏，《物流技术与应用》2015年03期。

项目四 叉车停车操作

1. 工作任务

叉车停车。

2. 常用工具

防爆对讲机、防爆随车工具。

3. 操作流程

操作前准备：

（1）穿戴劳保着装：主要包括防静电工服与工鞋、安全帽、劳保防滑手套、防尘口罩。

（2）准备相关的操作工具：防爆对讲机、防爆随车工具。

（3）操作前检查项目、方法、步骤及重点见表6-7。

表 6-7 叉车停车操作前检查项目、方法、步骤及重点

检查项目	检查方法	检查步骤及重点
叉车停车检查	目测	(1)检查水箱水位，保证其水位大约在1/2~2/3处。(2)检查各个管路、接头处是否有水/油渗漏。(3)车体、发动机表面、制动毂表面有无灰尘，若有灰尘及时清除。(4)检查货叉表面包覆的不锈钢，发现任何部位磨穿均必须重新包覆。(5)各项仪表、声光报警显示正常

操作规范步骤：

(1) 正常停机：通过钥匙开关断开电源，使发动机油门关闭，进行停机操作。停机后防爆安全系统会自动截止柴油机进气。具体操作如下；

① 驾驶叉车到指定安全区进行停放。

② 叉车水平放置，货叉放下，门架前倾至叉尖着地。

③ 换向控制手柄处于中位。

④ 实施停车制动。

⑤ 关闭钥匙开关至“OFF”位置，取下钥匙。

⑥清理叉车卫生，保持外观清洁，及时排出叉车不正常状况。

(2) 紧急停机：当遇到可燃性物质泄漏、车辆本身故障或其他突发性事件可能影响设备作业安全时，应采用紧急停机方法进行停机，具体操作是：

① 将“起动/紧急熄火”手柄向后拉至“EMERGENCY STOP”紧急熄火位置。此时进气截止阀会立即关闭，柴油机将迅速熄火。

② 同时关断钥匙开关，切断柴油机燃油的供给。

4. 安全注意事项

(1) 叉车停放应远离站台边缘、沟坎、凹坑和其他不能有效支撑叉车的路面，不要妨碍交通。

(2) 叉车在坡道上停放时应塞住驱动车轮。

(3) 当停放有故障的叉车时，必须悬挂“禁止使用”标志于车上，并取下钥匙。

(4) 当出现故障。货叉无法降下时，应放置大型标志在货叉上，以免与其他叉车或行人碰撞。

5. 事故预防与应急处置

叉车停车事故预防与应急处置见表 6-8。

表 6-8 叉车停车事故预防与应急处置

序号	事故描述	主要危害及后果	预防措施及处置
1	停车后手动制动未实施	叉车滑行造成人员伤亡、物品损坏	(1)停车后拉下手动制动，并进行二次确认。(2)在坡道上停放时应塞住驱动车轮
2	停放在站台边缘、沟坎等处	叉车倾翻造成人员伤亡、物品损坏	(1)叉车必须停放在指定位置。(2)紧急停车必须悬挂明显安全警示标志，有专人看护

6. 拓展知识阅读推荐

《叉车智能化及其发展方向》作者：任家权、余绍华，《叉车技术》2015 年 01 期。

模块二 袋装硫黄装车作业

固体硫黄经包装码垛机组自动码垛成50kg/袋、40袋/垛的成垛袋装硫黄，由叉车运往仓库、码放储存。仓库设有装车站台，由叉车将成垛硫黄运往站台，再由人工将袋装硫黄放到车上，装车外运。

项目 袋装硫黄装车操作

1. 工作任务

将50kg/袋袋装硫黄装入货车。

2. 常用工具

托盘、装卸工具、活动扳手、防坠器、跳板。

3. 操作流程

操作前准备：

（1）穿戴劳保着装：主要包括防静电工服与工鞋、安全帽、防滑手套、防尘口罩、护目镜。

（2）准备相关的操作工具：托盘、装卸工具、活动扳手、跳板、防坠器。

（3）防暑降温物品：藿香正气水、绿豆汤、遮阳篷。

（4）操作前检查项目、方法、步骤及重点见表6-9。

表6-9 袋装硫黄装车操作前检查项目、方法、步骤及重点

序号	检查项目	检查方法	检查步骤及重点
1	装卸工劳保着装	目测	（1）防静电工作服。（2）安全帽有无破损、过期现象。（3）防滑手套外观良好无破损。（4）防尘口罩为PM2.5，不允许重复使用。（5）护目镜无破损密封良好
2	车辆检查	目测	（1）装卸车辆以行驶到位，停止稳定。（2）防火罩正确佩戴、有效
3	人员精神状态检查	目测	装卸工精神状态良好，无饮酒或身体不适等情况

操作规范步骤：

（1）装卸工劳保着装抵达搬运位置，了解装卸袋装硫黄的数量，核定清楚能装多少排、多少层、多少行，实行有针对性的装车。

（2）叉车将40袋/垛的成垛袋装硫黄，运达站台、摆放到位。

（3）当车辆停稳、手动制动后，每两名装卸工通过跳板合力将50kg/袋袋装硫黄，搬运到货车上摆放。

（4）沿着先里后外的摆放顺序，依次将袋装硫黄摆放整齐、到位，不倒塌。保证载车的前后、左右均匀。

（5）硫黄装车结束后，及时清扫现场落地硫黄和硫黄粉尘。

4. 质量标准

（1）袋装硫黄摆放整齐、不倒塌，堆高高度≤2m。

（2）袋装硫黄完整不受损为准则。

（3）装卸工轻拿轻放、不蛮力、不有意破坏。

5. 安全注意事项

（1）装车重量、高度、宽度、长度不允许超出货车货仓范围。

（2）装车区域严禁烟火。

（3）当货车上有人员装卸作业时，车辆严禁启动。

（4）装车时首先要保证货物不倒塌，卸车时要防止货物跌落。

（5）袋装硫黄装卸要轻拿轻放，防止扬起硫黄粉尘，同时严禁滚动、摩擦、拖拉。

（6）发现破损的袋装硫黄，立即通报现场管理人员进行更换，严禁装车。

6. 事故预防与应急处置

袋装硫黄装车事故预防与应急处置见表6-10。

表6-10　袋装硫黄装车事故预防与应急处置

序号	事故描述	主要危害及后果	预防措施及处置
1	袋装硫黄垛坍塌	造成人员挤压、砸伤	（1）按规定压缝堆桩，摆放规整、整齐，堆高≤2m。（2）装卸时严禁车辆移动
2	装卸工从货车坠落	造成人员伤亡	（1）装卸工正确佩戴防坠器。（2）装卸时严禁车辆移动。（3）袋装硫黄堆桩严禁超高

7. 拓展知识阅读推荐

《硫黄储存设施的设计及危险防控》，作者：马小乐、高飞、董四禄，《硫酸工业》2014年02期。

《硫黄粉尘燃爆危险性研究》，作者：王振刚、张帆、赵琳、霍明甲，《无机盐工业》2015年02期。

模块三　液态硫黄装车作业

液态硫黄经成型机液硫回流管线输送至液硫装车平台处装车，不装车时液硫经回流管线循环回液硫储罐储存。装车重量通过装车平台下的地磅，连锁液硫装车管道上的控制阀进行控制，装车外运。

项目一　液硫槽车检查操作

1. 工作任务

检查液态硫黄充装车辆是否符合危险化学品充装安全管理规定。

2. 常用工具

防爆F扳手、防爆活动扳手、便携式H_2S检测仪、8kg正压式逃生呼吸器。

3. 操作流程

操作前准备：

（1）穿戴劳保着装：主要包括防静电工服与工鞋、安全帽、防烫手套、护目镜、便携式 H_2S 检测仪。

（2）准备相关的操作工具：防爆 F 扳手、8kg 正压式逃生呼吸器。

（3）操作前检查项目、方法、步骤及重点见表 6-11。

表 6-11 流硫槽车检查操作前检查项目、方法、步骤及重点

序号	检查项目	检查方法	检查步骤及重点
1	车辆检查	目测	（1）防火罩正确佩戴、有效。（2）消防设施处于备用状态。 （3）槽车液硫储罐外观良好，无破损、凹陷、裂纹等情况。 （4）液硫槽车罐体温度≥135℃
2	驾驶人员精神状态检查	目测、交谈	驾驶员精神状态良好，无饮酒或身体不适等情况

操作规范步骤：

（1）罐车有使用登记证，驾驶员和押运员持有道路危险货物运输操作证、资格证等证件，均在有效期内。

（2）罐车未超过有效检验期，IC 卡能正确读取信息。

（3）罐车罐体号码与相应证件号码一致。

（4）罐车漆色或标志符合规定。

（5）罐体与车辆之间的固定装置连接牢靠无损坏，罐体和安全附件、阀门等无异常。

（6）车辆已戴好符合规定的排气管防火罩，并已配备合格的灭火器。

（7）防护用具、服装、专用检修工具和备品、备件随车携带。

（8）清除罐车内充装过的介质，且罐内呈常压状态。

（9）随车附带的文件和资料符合规定；首次投用或检修后首次使用的罐车，能提供置换合格分析报告等资料。

（10）液硫槽车罐体温度≥135℃。

（11）填写罐车《检查记录单》。

4. 质量标准

（1）车辆符合危化品装车管理规定。

（2）车辆防火罩佩戴正确、有效，灭火器处于备用状态。

（3）罐体温度≥135℃。

5. 安全注意事项

（1）人员劳保着装、防护用品佩戴齐全规范。

（2）装车区域严禁烟火、禁带手机、严禁维修车辆。

（3）罐车防火罩安全到位、有效。

（4）人员便携式硫化氢报警器佩戴到位，处于正常工作状态。

（5）8kg 正压式空气呼吸器正确背带，处于备用状态，气瓶压力处于 25.0MPa。

（6）引导罐车停靠指定装车位，熄火、垫防滑块，车钥匙交充装人员管理，驾驶员、押运员到指定位置等待。

（7）液硫罐车驾驶人员精神状态良好。

6. 事故预防与应急处置

液硫槽车检查事故预防与应急处置见表 6-12。

表 6-12 液硫槽车检查事故预防与应急处置

事故描述	主要危害及后果	预防措施及处置
罐车已佩戴防火罩，但防火罩内防火格栅板未关闭或关闭不严	造成火灾爆炸事故，人员伤亡	(1) 按规定车辆在入装车场前，严格检查防火罩，确保防火罩正确佩戴，防火有效。 (2)液硫充装前车辆必须熄火，将钥匙交于装车人员管理。 (3)液硫充装完成，装车人员必须将液硫流程隔断，装车鹤管取出，液硫无泄漏，方可发动车离开。 (4)按时巡检装车场，杜绝液硫跑冒滴漏现象

7. 拓展知识阅读推荐

《防止硫黄储罐的腐蚀》，作者：阿尔伯塔硫研究有限公司(加拿大)、Controls Southeast 公司(美国)，《硫酸工业》2009 年 03 期。

项目二 液硫装车操作

1. 工作任务

(1) 液硫槽车安全充装，不超重、无泄漏。

(2) 保障液硫产品质量。

(3) 按时巡检，确保操作温度符合工艺标准。

(4) 工艺流程正确倒通，阀门开关到位。

2. 常用工具

防爆 F 扳手、防爆活动扳手、不锈钢量油尺、便携式 H_2S 检测仪、8kg 正压式逃生呼吸器、防坠器。

3. 操作流程

操作前准备：

(1) 穿戴劳保着装：主要包括防静电工服与工鞋、安全帽、防烫手套、护目镜、便携式 H_2S 检测仪。

(2)准备相关的操作工具：防爆 F 扳手、防爆活动扳手、不锈钢量油尺、8kg 正压式逃生呼吸器、防坠器。

(3) 操作前检查项目、方法、步骤及重点见表 6-13。

表 6-13 液硫装车操作前检查项目、方法、步骤及重点

序号	检查项目	检查方法	检查步骤及重点
1	装车工劳保着装	目测	(1) 防静电工作服、工鞋穿戴规范整齐。(2)安全帽有无破损、过期现象。(3)防烫手套外观良好无破损。(4)护目镜无破损密封良好
2	车辆检查	目测	(1) 装卸车辆以行驶到位，停止稳定、熄火。(2)防火罩正确佩戴、有效。(3)车轮底部是否垫防滑块
3	装车工精神状态检查	目测、交谈	装车工精神状态良好，无身体不适等情况

操作规范步骤如下所示。

充装工艺流程检查：

(1) 液硫储罐区液硫外输泵工作正常。

(2) 液硫成型装置液硫回流管线压力小于0.4MPa。

(3) 液硫进充装区手动阀门处于开启位置。

(4) 装车场进液硫回流管线阀门处于开启位置。

(5) 液硫进入各装车鹤管的调节阀、手动阀处于关闭状态。

(6) 装车线各调节阀调节灵敏、可靠，旁通阀处于关闭位置。

(7) 充装工艺管线、阀门、连接法兰无泄漏。

(8) 氮气、净化风流程畅通、压力正常，处于运行状态。

(9) 伴热蒸汽温度≥135℃、疏水阀工作正常，液硫管线伴热温度处于135~142℃。

(10) 装车鹤管处于备用状态，鹤管装车调节阀处于关闭状态。

电子汽车衡空车过磅：

(1) 罐车过磅前，核实罐车证件、产品发货单，对空车进行称重并录入信息。

(2) 根据罐车证的最大充装量与罐车内余液量，核定允许充装量。

液硫装车操作：

(1) 引导罐车停靠指定装车位，熄火、垫防滑块，车钥匙交充装人员管理，驾驶员、押运员到指定位置等待。

(2) 充装人员确认槽车罐体温度≥135℃。

(3) 罐车连接静电接地报警仪，检查其运行状况灵敏可靠。

(4) 打开槽车上部进料口，将装车鹤管旋至槽车进料口并插入，封闭好密封帽，拧紧装车鹤管上固定螺栓。

(5) 装车人员设定好装车重量后，准备装车。

(6) 手动调节液硫出装车场阀门XV10101阀位，逐渐减少阀位，控制液硫流量及压力。

(7) 手动调节装车调节阀(XV10102或XV10103)阀位开度，逐渐加大阀位，控制液硫流量进行装车作业。

(8) 待装槽车重量达到设定重量，对应的装车调节阀(XV10102或XV10103)自动关闭，岗位人员确定装车调节阀(XV10102或XV10103)关闭后，松开鹤管固定螺栓，缓慢提升鹤管，将鹤管内液硫放净后，将鹤管旋转至指定位置。

(9) 关闭罐车顶盖，断开静电接地报警仪。

(10) 罐车检查无异常，按规定路线驶出充装区。

(11) 如后续无车辆充装，装车调节阀(XV10102、XV10103)全部关闭，液硫出装车场调节阀XV10101自动打开，液硫循环回液硫储罐储存。

4. 质量标准

(1) 平稳、连续、安全地进行液硫装车。

(2) 严格按照工艺卡片要求，控制好温度在135~142℃，确保液硫不凝固及最佳流动性。

(3) 严格按照规定装车、不超重。

5. 安全注意事项

(1) 人员精神状态良好，劳保着装、防护用品佩戴齐全规范。

（2）根据液硫性质，液硫在低于119℃时呈固态，为防止液硫凝固，应加强现场伴热巡检，定期检查疏水阀、温度计的工作情况，避免硫黄凝固堵塞管道、阀门。

（3）装车现场管理和操作时应严格按照安全要求执行，车辆需正确配装防火罩，装车区域严禁携带火种、吸烟、打手机、修车等。

（4）液硫装车系统涉及蒸汽、液硫、蒸汽冷凝水等高温物料，操作时应正确穿戴防烫用品。

（5）液硫装车人员必须保持良好的精神状态、头脑清醒，装车完毕后，应及时将鹤管从槽车内取出，然后才能向槽车司机发出出发指令，防止破坏装车鹤管。

（6）液硫装车系统涉及高位操作，应注意安全，佩戴好防坠器，防止高处坠落。

（7）液硫装车系统设计罐车液位测量操作，应注意安全，佩戴好8kg正压空气呼吸器，防止H_2S或其他毒物中毒。

（8）系统运行中，各仪表显示值应处在设置范围(及工艺参数范围)，如有波动应迅速查明原因，实施人工调节。

6. 事故预防与应急处置

液硫装车操作事故预防与处置见表6-14。

表6-14　液硫装车操作事故预防与处置

序号	事故描述	主要危害及后果	预防措施及处置
1	液硫装车调节阀XV10102或XV10103关闭，造成液硫冒罐	造成人员烫伤或着火事故	1. 液硫罐车装满时，对应XV10102或VX10103未能自动关闭，操作人员应立即手动关闭SV10101或SV10102。 2. 关闭装车场界区液硫入口阀M1及装车场出口调节阀XV10101。 3. 立即停止装车场内其余液硫槽车的装车作业。 4. 佩戴好防护用品和空气呼吸器，将干粉灭火器推至冒罐槽车上风口处，随时准备灭火。 5. 使用雾状水对冒出液硫降温，控制液硫扩散范围。 6. 立刻上报相关领导
2	液硫出装车场调节阀XV10101不动作	造成液硫不能装车	1. 若XV10101未开，操作人员手动打开XV10101，如果XV10101还打不开，则现场手动打开其旁通阀M2。 2. 立即联系仪表维修人员进行维修
3	液硫管线液硫泄漏	造成人员烫伤或着火事故	1. 操作人员立即切断泄漏管线进出口阀门。 2. 立即停止装车场内液硫槽车的装车作业。 3. 佩戴好防护用品和空气呼吸器，将干粉灭火器推至液硫泄漏点，随时准备灭火。 4. 使用雾状水对冒出液硫降温，控制液硫扩散范围。 5. 立刻上报相关领导

7. 拓展知识阅读推荐

《硫化亚铁对油品储罐的危害及预防措施》，作者：陈志军，《石油化工设备技术》2012年32期。

《硫化亚铁自然氧化倾向性的研究》，作者：李萍、张振华、叶威，《燃烧科学与技术》2004年10期。

中原油田技能操作序列员工学习地图
（硫黄储运及辅助操作岗位）

板块	单位	队种	职位层级	职业等级（职称等级）	工作职责	能力要求	学习内容	课题包序列编号
油气生产板块	天然气处理厂	外部项目部	高级技师	高级技师	1.承担本单位安排的技能操作疑难问题处理、攻关工作。 2.认真贯彻执行国家、地方政府及上级涉及设备方面的有关安全生产、环境保护、职业卫生的方针、政策、法律、法规、标准及管理制度，负责制定和修改本单位所辖各类机械设备的操作规程和管理制度。 3.负责每天深入现场检查设备安全运行情况，及时分析并组织排除故障，消除不安全因素。 4.负责每月组织进行设备检查评比，奖优罚劣，对检查出的隐患和问题，要及时向有关领导汇报并组织整改。 5.负责对操作人员进行设备安全操作技术知识培训，组织设备安全生产技术练兵和考核。 6.参与设备拆卸、安装、检修安全技术方案的制定并进行监督检查，协同有关部门对全区的机械设备事故进行事故调查和分析处理。 7.指导帮助本单位年轻技能操作骨干人才成长、培养后备人才	具备较强的应用高级技师应掌握的理论知识开展工作的能力	综合计量工高级技师理论知识	
							轻烃装置操作工高级工理论知识	
							仪表工高级工理论知识	
						具备使用多种管理方法开展工作的能力	对计量泵进行选型	
							分析装置区生产动态	
							编写阶段性生产总结报告	
							处理计量泵不上量等不正常故障	
							处理装置区内工艺故障	
							处理硫黄管线冷堵故障	
							应急预案的审核	
						具备应用 PFD 图方法开展工作的能力	绘制装置 PFD 图	
							掌握计量泵的原理、结构	
							配置、组装工艺管路	
							设计绘制工件加工图	
						具备熟练使用计算机处理日常工作的能力	使用计算机绘制班组生产工艺流程图	
							利用网络查询收集资料、信息	
							收发电子邮件	
							使用计算机制作多媒体课件	
						掌握公文写作的一般方法，能够撰写日常工作常用各类公文	公文写作基本要求	
							公文种类、写作方法	
							撰写技术论文	
						具备指导新员工开展工作和培训授课能力	培训课件制作技术	
							培训教案的制定	
							常用授课方法与技巧	
油气生产板块	天然气处理厂	外部项目部	技师	技师	1.认真贯彻执行国家、地方政府及上级涉及设备方面的有关安全生产、环境保护、职业卫生的方针、政策、法律、法规、标准及管理制度，负责制定和修改本单位所辖各类机械设备的操作规程和管理制度。	具备应用技师理论知识开展工作的能力	综合计量工技师理论知识	
							轻烃装置操作工中级工理论知识	
							仪表工中级工理论知识	
						具备使用多种管理方法开展工作的能力	验收计量泵工作质量	
							验收装置区换热器等静设备工作质量	
							单元工况分析	

续表

板块	单位	队种	职位层级	职业等级(职称等级)	工作职责	能力要求	学习内容	课题包序列编号
油气生产板块	天然气处理厂	外部项目部	技师	技师	2.负责每天深入现场检查设备安全运行情况，及时分析并组织排除故障，消除不安全因素。 3.负责每月组织进行设备检查评比，奖优罚劣，对检查出的隐患和问题，要及时向有关领导汇报并组织整改。 4.负责对操作人员进行设备安全操作技术知识培训，组织设备安全生产技术练兵和考核。 5.参与设备拆卸、安装、检修安全技术方案的制定并进行监督检查，协同有关部门对本单位的机械设备事故进行事故调查和分析处理	具备使用多种管理方法开展工作的能力	单元动态趋势分析	
							处理硫黄成型较复杂故障	
							处理电子秤较复杂故障	
						具备操作、维护、保养设备的工作能力	检查、验收计量泵安装质量	
							调整变频器的输出频率	
							调整缝纫机的缝袋高度	
							计量泵的串并联操作	
							组装工艺管路	
							绘制简单工件图	
						具备熟练使用计算机办公软件的能力	使用计算机录入、处理数据	
							使用计算机录入数据、制作图表	
							使用计算机绘制单元生产流程图	
							使用计算机绘制管件组装图	
						具备培训新员工的能力	编写技术分析报告	
							编写技术教学计划、方案	
油气生产板块	天然气处理厂	外部项目部	高级工	高级工	1.负责本岗位安全生产，环境保护。 2.负责本岗位日常生产管理及突发性事件的协调处理，全面完成上级下达的各项生产经营任务。 3.负责督导本岗位资料的录取和上报，抓好基础资料建设。 4.负责本岗位装置、设备运行的分析工作。 5.负责本岗位维护措施的实施和现场监督。 6.负责计量仪器仪表、生产设备、重点部位的检查、整改及维护保养。 7.落实岗位责任制，督促检查岗位交接班情况，组织好岗位的规格化达标工作。 8.负责组织开展岗位练兵和帮教活动	具备应用高级工理论知识开展工作的能力	综合计量工高级工理论知识	
							轻烃装置操作工中级工理论知识	
							仪表工中级工理论知识	
						具备使用多种管理方法开展工作的能力	熟练掌握计量泵的启停作业	
							熟练掌握装置区静设备的投运及停产作业	
							分析硫黄成型质量	
							分析换热器的换热效率	
							分析计量泵的工作	
							单元动态分析	
						具备熟练操作维护装置区内动静设备的能力	调整传送带的高度	
							判断疏水阀的工作状况	
							掌握液硫的工况及性质	
							绘制伴热管线图	
						具备熟练操作仪器仪表等工具的能力	判断压力变送器的工作是否正常	
							判断铂热电阻的工作是否正常	
						具备电脑操作基本能力	制作 Word 文档	
							文字排版	
							在文字中插入表格、图片	
							制作表格	
							制作数据图表	
						具备处理一般安全事故的能力	防火防爆的措施	
							防火的应急预案	
							硫化氢中毒的预案	
							接地电阻的概念	

续表

板块	单位	队种	职位层级	职业等级（职称等级）	工作职责	能力要求	学习内容	课题包序列编号
油气生产板块	天然气处理厂	外部项目部	中级工	中级工	1.认真学习贯彻党和国家、地方人民政府及上级有关安全生产、环境保护、职业卫生的方针、政策、法律、法规、标准及管理制度，有权拒绝违章指挥、对他人违章作业加以劝阻和制止。 2.上岗必须按规定着装，严格按要求进行交接班，发现异常情况及时进行处理和汇报，按时巡回检查，认真填写各项资料记录。 3.熟练掌握本岗位工艺、流程及各项安全运行参数，严格执行操作规程，按规定正确使用各种防护器具和灭火器材。 4.熟悉本岗位事故处理预案，正确分析判断和处理各种事故苗头，把事故消灭在萌芽状态，一旦发生事故应及时、如实向上级汇报，按事故预案正确处理，并保护好现场，尽可能控制事态扩大。 5.积极参加各种安全活动、岗位练兵和应急演练，提出合理化建议，正确操作、精心维护设备，时刻保持仪器仪表、安全附件灵活好用，安全设施准确可靠，努力保护作业环境整洁、做到文明生产	具备应用中级工理论知识开展工作的能力	综合计量工中级工理论知识	
							轻烃装置操作工初级工理论知识	
							仪表工初级工理论知识	
						具备使用多种管理方法开展工作的能力	调整计量泵的出口压力	
							调整换热器的热量、冷量	
							用钳形电流表检查计量泵的负荷	
							调整冷却水的水量	
							分析包装设备光电开关故障	
							分析码垛设备机械运动等异常	
							填写生产报表,计算日产量、能耗量	
						具备操作维护包装码垛等设备的能力	调整硫黄成型大小	
							更换脱模剂喷头	
							检查并调整脱模剂喷头的角度	
							闸板阀填加密封填料	
							更换法兰垫片	
							调整包装速度	
						具备操作仪器仪表等工具的能力	判断压力表工作是否正常	
							判断温度计工作是否正常	
							计量泵的日常保养	
						具备处理一般安全事故的能力	机械伤害的预防	
							硫化氢中毒的预防	
							触电的防护要求	
							触电急救的方法	
油气生产板块	天然气处理厂	外部项目部	初级工	初级工	1.遵守HSE管理规范，安全操作规程，参加安全活动。 2.装置流程、生产设备巡回检查以及突发事件的及时汇报和处理。 3.本岗位资料的录取和上报。 4.负责设备、阀门、管线的日常维护与保养。 5.参加职工培训、岗位练兵等活动	具备应用初级工理论知识开展工作的能力	综合计量工初级工理论知识	
							轻烃装置操作工初级工理论知识	
							仪表工初级工理论知识	
						具备基本使用多种管理方法开展工作的能力	录取装置区介质的工作压力	
							用钳形电流表测量计量泵及其他电机的电流	
							工艺设备的日常保养	
							计量泵及其他动设备的正确操作	
							填写班组报表	
							填写巡检记录	
						具备基本操作计量泵等设备的能力	正确启、停计量泵	
							正确投运、停运单元	
							补加计量泵滑油冷却液	

续表

板块	单位	队种	职位层级	职业等级(职称等级)	工作职责	能力要求	学习内容	课题包序列编号
油气生产板块	天然气处理厂	外部项目部	初级工	初级工		具备基本操作计量泵等设备的能力	装置区的阀门日常保养	
							巡回检查装置区	
						具备操作常用仪器仪表等工具的能力	更换安装压力表	
							校对安装压力表（对比法）	
							液硫罐的检尺作业	
							使用游标卡尺测量工件	
							正确使用保养空气呼吸器	
						具备熟练使用消防器材的能力	正确使用干粉灭火器	
						具备处理一般安全事故的能力	掌握机械伤害预案中本岗位的应急措施	
							掌握硫化氢中毒预案中本岗位的应急措施	
							掌握触电预案中本岗位的应急措施	
							掌握火灾预案中本岗位的应急措施	